普通高等教育“十三五”规划教材

机械优化设计

主编　李延斌　田　方

参编　乔景慧　乔赫廷　张明远

王慧明　张　禹　闫　明

吕晓仁　姜　彤　赵铁军

机 械 工 业 出 版 社

本书主要内容包括：优化设计基本理论、MATLAB 编程基础、MATLAB 优化工具箱及优化计算、典型机械零件的优化设计、渐开线行星齿轮传动、行星齿轮传动装置的优化设计。

本书可作为高等院校机械设计、制造及自动化专业的机械优化设计课程教材，也可作为机械设计专业课程设计的指导书。

图书在版编目（CIP）数据

机械优化设计/李延斌，田方主编. —北京：机械工业出版社，2017. 12
普通高等教育“十三五”规划教材
ISBN 978-7-111-58479-7

Ⅰ.①机… Ⅱ.①李… ②田… Ⅲ.①机械设计-最优设计-高等学校-教材 Ⅳ.①TH122

中国版本图书馆 CIP 数据核字（2017）第 279120 号

机械工业出版社（北京市百万庄大街 22 号 邮政编码 100037）
策划编辑：余 皞 责任编辑：余 皞 安桂芳
责任校对：郑 婕 封面设计：张 静
责任印制：孙 炜
北京玥实印刷有限公司印刷
2018 年 1 月第 1 版第 1 次印刷
184mm×260mm · 6.75 印张 · 161 千字
标准书号：ISBN 978-7-111-58479-7
定价：25.00 元

前 言

“机械优化设计”课程是高等院校机械类各专业的一门重要技术基础课。随着科学技术和本学科的发展，为了进一步满足教学的需要，编者结合近几年的教学实践，编写了本教材。

本教材着重介绍机械优化设计方法在典型机械零部件，特别是在行星齿轮减速器设计中的应用。全书以 MATLAB 为优化设计工具，注重工程实际应用。本教材主要内容分为六个部分：一是优化设计基本理论，包括优化数学模型的建立、一维探索最优化方法、无约束多维问题最优化方法、约束问题最优化方法；二是 MATLAB 编程基础，包括 MATLAB 用户界面、MATLAB 路径搜索、MATLAB 应用特点、编程基础、M 文件编辑和调试及文件管理等；三是 MATLAB 优化工具箱及优化计算，包括线性规划问题、二次规划问题、约束非线性规划问题的 MATLAB 优化工具箱使用方法；四是典型机械零件的优化设计，包括滚子链传动优化设计、蜗杆传动优化设计、机床主轴结构优化设计、螺栓组连接的优化设计；五是渐开线行星齿轮传动，包括渐开线行星齿轮传动的基本形式、行星齿轮减速器、行星齿轮传动的特点、行星齿轮传动的配齿计算等；六是行星齿轮传动装置的优化设计，包括 2K-H 型行星齿轮机构优化设计的数学模型，2K-H 型行星齿轮机构齿数选择、优化方法和计算举例，行星齿轮减速器的均载方法、主要部件设计、结构设计及装配。

参与本教材编写的有沈阳工业大学的李延斌、田方、乔景慧、乔赫廷、张明远、王慧明、张禹、闫明、吕晓仁、姜彤、赵铁军。本教材由李延斌、田方任主编。

由于编者的水平和时间有限，书中难免存在疏漏和不当之处，敬请广大读者批评指正。

编　者

目录

第 1 章

优化设计基本理论

最优化设计是在现代计算机广泛应用的基础上发展起来的一项新技术，是根据最优化原理和方法，综合各方面因素，以人机配合方式或用自动探索方式，在计算机上进行半自动或全自动设计，选出在现有工程条件下最好设计方案的一种现代设计方法。

概括起来，最优化设计工作包括以下两部分内容：

1）将设计问题的物理模型转变为数学模型。建立数学模型时要选取设计变量，列出目标函数，给出约束条件。目标函数是设计问题所要求的最优指标与设计变量之间的函数关系式。

2）采用适当的最优化方法，求解数学模型。可归结为在给定条件（如约束条件）下求目标函数的极值或最优值问题。

1.1 优化设计的数学模型

任何一个最优化问题均可归结为如下的描述，即在满足给定的约束条件（可行域 D 内）下，选取适当的设计变量 $\boldsymbol{X}$，使其目标函数 $f(\boldsymbol{X})$ 达到最优值。其数学表达式（数学模型）为

设计变量：

$$\boldsymbol{X}=[x_1,x_2,\cdots,x_n]^{\mathrm{T}} \quad \boldsymbol{X}\in D\subset E^n \tag{1-1a}$$

在满足约束条件：

$$h_v(\boldsymbol{X})=0 \qquad (v=1,2,\cdots,p) \tag{1-1b}$$

$$g_u(\boldsymbol{X})\leqslant 0 \qquad (u=1,2,\cdots,m) \tag{1-1c}$$

的情况下，求目标函数 $f(\boldsymbol{X})=\sum\limits_{j=1}^{q}\omega_1\cdot f_j(\boldsymbol{X})$ 的最优值。

目标函数的最优值一般可用最小值（或最大值）的形式来体现，因此最优化设计的数学模型可简化表示为

$$\begin{aligned}
&\min f(\boldsymbol{X}) && \boldsymbol{X}\in D\subset E^n \\
&\text{s.t.}\, h_v(\boldsymbol{X})=0 && (v=1,2,\cdots,p) \\
&\quad\; g_u(\boldsymbol{X})\leqslant 0 && (u=1,2,\cdots,m)
\end{aligned} \tag{1-2}$$

优化设计的数学模型可分为连续优化和离散优化。其中，连续优化包括：

1）线性规划（LP）——目标和约束均为线性函数。

2）非线性规划（NLP）——目标或约束中存在非线性函数。

3）二次规划（QP）——目标为二次函数，约束为线性函数。

离散优化包括：

1）整数规划（IP），决策变量（全部或部分）为整数。

2）整数线性规划（ILP）、整数非线性规划（INLP）。

3）纯整数规划（PIP）、混合整数规划（MIP）。

4）一般整数规划、0-1（整数）规划。

优化设计模型的分类如图 1-1 所示。

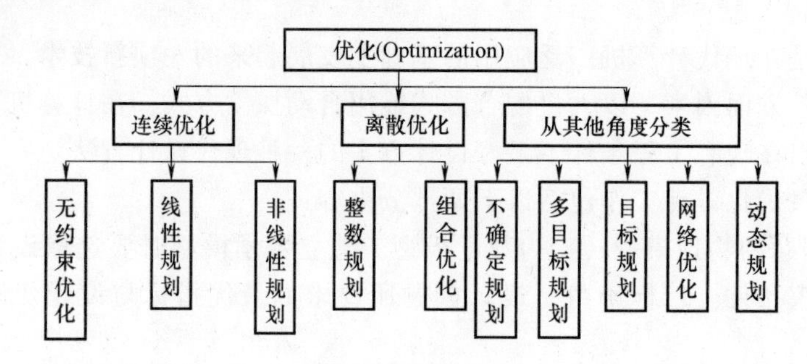

图 1-1　优化设计模型的分类

建模时需要注意的几个基本问题：

1）尽量使用实数优化，减少整数约束和整数变量。

2）尽量使用光滑优化，减少非光滑约束的个数，如尽量少使用绝对值、符号函数、多个变量求最大/最小值、四舍五入、取整函数等。

3）尽量使用线性模型，减少非线性约束和非线性变量的个数（如 $x/y<5$ 改为 $x<5y$）。

4）合理设定变量上下界，尽可能给出变量初始值。

5）模型中使用的参数数量级要适当（如小于 10^3）。

当式（1-1b）和式（1-1c）中的 $p=0$，$m=0$ 时，称为无约束最优化问题；反之称为约束最优化问题。机械最优化设计问题多属于约束非线性最优化问题。

1.1.1　设计变量

在设计过程中，进行选择并最终必须确定的各项独立参数称为设计变量。在选择过程中它们是变量，但这些变量一旦确定以后，设计对象也就完全被确定。最优化设计是研究如何合理优选这些设计变量值的一种设计方法。凡是可以根据设计要求事先给定的，则不是设计变量，而称为设计常量。只有那些需要在设计过程中优选的参数，才可看成是最优化设计过程中的设计变量。

设计变量的数目称为最优化设计的维数，如有 n 个设计变量，则称为 n 维设计问题。在一般情况下，若把具有 n 个设计变量的第 i 个变量记为 x_i，则全部设计变量可用 n 维矢量的形式表示，记为

$$X=\begin{bmatrix}x_1\\ \vdots\\ x_i\\ \vdots\\ x_n\end{bmatrix}=(x_1,\cdots,x_i,\cdots,x_n)^{\mathrm{T}} \tag{1-3}$$

在最优化设计中，由各个设计变量的坐标轴所描述的空间称为设计空间。设计空间中的一个点就是一种设计方案。设计空间中的某点 k（一种设计方案）是由各设计变量所组成的矢量 $\boldsymbol{X}^{(k)}$ 决定的。点 $k+1$（另一种设计方案）则由另一组设计变量所组成的矢量 $\boldsymbol{X}^{(k+1)}$ 确定。最优化设计中通常采用直接探索法，就是在相邻的设计点间做一系列定向的设计移动。由 k 点到（$k+1$）点间的典型运动情况由下式给出：

$$\boldsymbol{X}^{(k+1)}=\boldsymbol{X}^{(k)}+a^{(k)}\boldsymbol{S}^{(k)} \tag{1-4}$$

矢量 $\boldsymbol{S}^{(k)}$ 决定移动的方向，标量 $a^{(k)}$ 决定移动的步长。

1.1.2　目标函数

在设计中，设计者总是希望所设计的产品具有最好的性能指标、最轻的重量或最大的经济效益等。在最优化设计中，可将所追求的设计目标（最优指标）用设计变量的函数形式表达出来，这一过程称为建立目标函数。即目标函数是优化设计中预期要达到的目标，表述为各设计变量的函数表达式：

$$f(\boldsymbol{X})=f(x_1,x_2,\cdots,x_n) \tag{1-5}$$

式（1-5）是优化设计的某项最重要的特征。如对于泵类液压元件，最常见的情况是以重量最轻或是体积最小作为目标函数。

目标函数是设计变量的标量函数，最优化设计的过程就是优选设计变量，使目标函数达到最优值或找出目标函数最小值（最大值）的过程。

只有一个目标函数的最优化设计称为单目标函数。若同一个优化设计中提出多个目标函数，则这种问题称为多目标函数的最优化问题。

目标函数越多，设计效果越好，但问题的求解也越复杂。对于多目标函数，可以独立地列出几个目标函数式：

$$f_1(\boldsymbol{X})=f_1(x_1,x_2,\cdots,x_n) \tag{1-6a}$$

$$f_2(\boldsymbol{X})=f_2(x_1,x_2,\cdots,x_n) \tag{1-6b}$$

$$\vdots$$

$$f_n(\boldsymbol{X})=f_n(x_1,x_2,\cdots,x_n) \tag{1-6c}$$

也可以把几个设计变量综合到一起，建立一个综合的目标函数表达式，即

$$f(\boldsymbol{X})=\sum_{j=1}^{q}f_j(\boldsymbol{X}) \tag{1-7}$$

式中，q 为最优化设计所追求的目标数目。

1.1.3　约束条件

目标函数取决于设计变量，但在很多实际问题中，设计变量取值范围是有限制的或必须

满足一定条件的。在最优化设计中，这种对设计变量取值时的限制条件，称为约束条件或设计约束。

约束条件可以用数学等式或不等式来表示。

等式约束对设计变量的约束严格，起着降低设计自由度的作用。其形式为

$$h_v(\boldsymbol{X})=0 \qquad (v=1,2,\cdots,p) \tag{1-8}$$

在机械最优化设计中，不等式约束更为普遍。不等式约束的形式为

$$g_u(\boldsymbol{X})\leqslant 0 \qquad (u=1,2,\cdots,m) \tag{1-9a}$$

或

$$g_u(\boldsymbol{X})\geqslant 0 \qquad (u=1,2,\cdots,m) \tag{1-9b}$$

式中，$h_v(\boldsymbol{X})=0$，$g_u(\boldsymbol{X})\leqslant 0$ 为设计变量的约束方程，即设计变量的允许变化范围。最优化设计，即是在设计变量允许范围内找出一组最优化参数 $\boldsymbol{X}^*=(x_1^*,\ x_2^*,\ \cdots,\ x_n^*)^{\mathrm{T}}$，使目标函数 $f(\boldsymbol{X})$ 达到最优值 $f(\boldsymbol{X}^*)$。

对等式约束来说，设计变量所代表的设计点必须在式（1-7）所表示的面（或线）上。对不等式约束来说，其极限情况 $g_u(\boldsymbol{X})=0$ 所表示的几何面（线）将设计空间分为两部分：一部分中的所有点均满足约束条件，即满足式（1-8）或式（1-9），这一部分空间称为设计点的可行域，并用 D 表示。设计变量在可行域中选取的设计点，称为可行设计点或简称可行点。另一部分中的所有点均不满足约束条件，即不满足式（1-8）或式（1-9）。若在这个区域选取设计点，则违背了约束条件，该域中的点称为非可行点。如果设计点落到某个约束的边界面（或边界线）上，则称为边界点，边界点是允许的极限设计方案。最优化设计的过程，即为寻找可行域内最优点或最优设计方案的过程。

1.2 优化方法

1.2.1 一维探索最优化方法

机械结构的最优化设计大都为多维问题，一维问题的情况很少。但是一维问题的最优化方法是优化方法中最基本的方法，在数值方法迭代计算过程中，都要进行一维探索。由于在最优化的大多数方法中，常常要进行一维探索，寻求最优步长或最优方向等，因此一维探索在最优化方法中有很重要的位置。一维探索进行得好坏，直接影响最优化问题的求解速度。

一维探索最优化的方法很多，下面仅介绍本文将采用的进退法。

由单峰函数的性质可知，在极小点左边函数值应单调下降，而在极小点右边函数值应单调上升。根据这一特点，可先给定初始点 a_0 及初始步长 h，求探索区间［a, b］。

前进计算：将 a_0 及 a_0+h 代入目标函数进行运算，若 $f(a_0)>f(a_0+h)$，则将步长 h 增加 2 倍，并计算新点 a_0+3h。若 $f(a_0+h)\leqslant f(a_0+3h)$，则探索区间可取为

$$a=a_0;b=a_0+3h$$

否则将步长再加倍，并且重复上述计算。

后退计算：若 $f(a_0)<f(a_0+h)$，则将步长 h 缩为 $h/4$，并从 a_0 点出发，以 $h/4$ 为步长反方向探索，这时得到的后退点为 $a_0-h/4$。若 $f(a_0)<f(a_0-h/4)$，则探索区间可取为

$$a=a_0-\frac{h}{4};b=a_0+3h$$

否则将步长加倍，并继续后退。

1.2.2　无约束多维问题最优化方法

在求解目标函数的极小值的过程中，若对设计变量的取值范围不加任何限制，则称这种最优化问题为无约束最优化问题。无约束多维最优化问题的一般形式为

n 维设计变量　　$$\boldsymbol{X}=(x_1,x_2,\cdots,x_n)^{\mathrm{T}} \tag{1-10}$$

目标函数为　　$$\min_{X\in E^n} f(x) \tag{1-11}$$

而对 x 没有任何限制。

在实际工程中，无约束条件的设计问题是非常少的，多数问题是有约束的。尽管如此，无约束最优化方法仍然是最优化设计的基本组成部分。因为约束最优化问题可以通过对约束条件的处理，转化为无约束最优化问题来求解。

无约束最优化方法中有直接求优法和间接求优法两种。直接求优法在迭代过程中仅用到函数值，而不要求计算函数导数等解析性质。一般说虽然其收敛速度较慢，但可以解决一些间接法不能解决的问题（如当函数不易求导情况）。无约束多维问题的最优化方法很多，这里仅简要介绍在多齿轮泵优化设计过程中要用到的 Powell 法。

对于一个 n 维问题，Powell 法的迭代计算过程如下：

第一轮探索均是从前一轮求得的最优点出发，并沿 n 个有顺序的线性独立方向（$\boldsymbol{S}_1^{(k)}$，$\boldsymbol{S}_2^{(k)}$，…，$\boldsymbol{S}_n^{(k)}$）进行一维探索。第一轮探索可由任意一点出发，即取 $\boldsymbol{X}_0^{(1)}=\boldsymbol{X}^{(0)}$，而方向可取为 n 个坐标轴的方向，即 $\boldsymbol{S}_i^{(k)}=\boldsymbol{e}_i$。当然，第一轮探索也可以任意取 n 个线性无关的方向组成方向组。现给出第 k 轮迭代的步骤：

1）初始点取前一轮迭代最后沿 $\boldsymbol{S}_{n+1}^{(k-1)}$ 方向求得的最优点 $\boldsymbol{X}^*$（即 $\boldsymbol{X}_{n+1}^{(k-1)}$，有时该点为 $\boldsymbol{X}_n^{(k-1)}$），然后由初始点 $\boldsymbol{X}_0^{(k)}$ 出发，沿 $\boldsymbol{S}_1^{(k)}$ 方向进行一维最优化探索，使函数 $f(\boldsymbol{X}_0^{(k)}+a_1\boldsymbol{S}_1^{(k)})$ 为最小方向，求得 $a_1^{(k)}$，并令 $\boldsymbol{X}_1^{(k)}=\boldsymbol{X}_0^{(k)}+a_1^{(k)}\boldsymbol{S}_1^{(k)}$；再由 $\boldsymbol{X}_1^{(k)}$ 出发，沿 $\boldsymbol{S}_2^{(k)}$ 方向使 $f(\boldsymbol{X}_1^{(k)}+a_2\boldsymbol{S}_2^{(k)})$ 最小，求得 $a_2^{(k)}$，并令 $\boldsymbol{X}_2^{(k)}=\boldsymbol{X}_1^{(k)}+a_2^{(k)}\boldsymbol{S}_2^{(k)}$。如此依次沿每个方向进行一维探索，直至求得全部的 $a_i^{(k)}$（$i=1$，2，…，n），每次令 $\boldsymbol{X}_i^{(k)}=\boldsymbol{X}_{i-1}^{(k)}+a_i^{(k)}\boldsymbol{S}_i^{(k)}$。

2）取共轭方向 $\boldsymbol{S}_{n+1}^{(k)}=\boldsymbol{X}_n^{(k)}-\boldsymbol{X}_0^{(k)}$，计算反映点 $\boldsymbol{X}_{n+1}^{(k)}=2\boldsymbol{X}_n^{(k)}-\boldsymbol{X}_0^{(k)}$。

3）令

$$f_1=f(\boldsymbol{X}_0^{(k)}) \tag{1-12}$$

$$f_2=f(\boldsymbol{X}_n^{(k)}) \tag{1-13}$$

$$f_3=f(\boldsymbol{X}_{n+1}^{(k)})=f(2\boldsymbol{X}_n^{(k)}-\boldsymbol{X}_0^{(k)}) \tag{1-14}$$

式中，

$$\boldsymbol{X}_0^{(k)}=\boldsymbol{X}_{n+1}^{(k-1)}$$

$$\boldsymbol{X}_n^{(k)}=\boldsymbol{X}_{n-1}^{(k)}+a_n^{(k)}\boldsymbol{S}_n^{(k)}=\sum_{i=1}^{n}a_i^{(k)}\boldsymbol{S}_i^{(k)}$$

4）计算第 k 轮迭代各方向上目标函数的下降值 $f(\boldsymbol{X}_{i-1}^{(k)})-f(\boldsymbol{X}_i^{(k)})$（$i=1$，2，…，$n$），并找出其中的最大值 $\Delta_m^{(k)}$，即

$$\Delta_m^{(k)}=\max_{i=1,2,\cdots,n}\left|f(\boldsymbol{X}_{i-1}^{(k)})-f(\boldsymbol{X}_i^{(k)})\right| \tag{1-15}$$

$\Delta_m^{(k)}$ 相应的方向 $S_m^{(k)}=X_i^{(k)}-X_{i-1}^{(k)}$。

5）若 $f_3<f_1$ 和 $(f_1+f_3-2f_2)(f_1-f_2-\Delta_m^{(k)})^2<0.5\Delta_m^{(k)}(f_1-f_3)^2$ 同时成立，则转入下一步；否则，在第 $k+1$ 轮迭代中仍用第 k 轮迭代用的同一方向组，即 $S_i^{(k+1)}=S_i^{(k)}(i=1,2,\cdots,n)$。关于迭代初始点，当 $f_2<f_3$，取第 $k+1$ 轮迭代的初始点 $X_0^{(k+1)}=X_n^{(k)}$，否则取 $X_0^{(k+1)}=X_{n+1}^{(k)}$为初始点，然后转回第 1 步。

6）如果上一步中两个不等式同时得到满足，则从 $X_n^{(k)}$ 出发，沿 $S_{n+1}^{(k)}$方向进行一维最优化探索，求得 $a^{(k)}$，得 $S_{n+1}^{(k)}$方向的最优点为

$$X=X_n^{(k)}+a^{(k)}S_{n+1}^{(k)} \tag{1-16}$$

7）取第 $k+1$ 轮迭代的方向组为

$$(S_1^{(k+1)},S_2^{(k+1)},\cdots,S_n^{(k+1)})=(S_1^{(k)},S_2^{(k)},\cdots,S_{m-1}^{(k)},S_{m+1}^{(k)},\cdots,S_n^{(k)},S_{n+1}^{(k)}) \tag{1-17}$$

也就是说，在新方向组中，去掉了原方向组中具有最大下降值的 $S_m^{(k)}$，并且将方向 $S_{n+1}^{(k)}$作为新方向组中的第 n 个方向，即取 $S_n^{(k+1)}=S_{n+1}^{(k)}$。初始点为 $X_0^{(k+1)}$，然后转回第 1 步继续运算。

8）每轮迭代结束时，都应按迭代终止条件进行检查，若满足迭代终止条件，则迭代运算可以结束。迭代终止条件为

$$\| X_i^{(k)}-X_i^{(k-1)} \| \leqslant \varepsilon_1 \qquad (i=1,2,\cdots,n) \tag{1-18}$$

或

$$\left\| \frac{f(X^{(k)})-f(X^{(k-1)})}{f(X^{(k-1)})} \right\| \leqslant \varepsilon_2 \tag{1-19}$$

1.2.3 约束问题最优化方法

前面讨论的都是无约束条件下非线性函数的寻优方法，但在实际工程中，大部分问题的变量取值都有一定的限制，也就是属于有约束条件的寻优问题。因此，下面将介绍有约束问题的最优化方法，即设计变量的取值范围受到某种限制时的最优化方法。与无约束问题不同，约束问题目标函数的最小值是满足约束条件下的最小值，而不一定是目标函数的自然最小值。另外，只要由约束条件所决定的可行域 D 是一个凸集，目标函数是凸函数，其约束最优解就是全域最优解。否则，由于所选择的初始点不同，将探索到不同的局部最优解上，所以在这种情况下，探索结果经常与初始点选择有关。为了能得到全域最优解，在探索过程中最好能改变初始点，有时甚至要改换几次。

约束问题最优解的求解过程可归结为，寻求一组设计变量

$$X^*=(x_1^*,x_2^*,\cdots,x_3^*)^{\mathrm{T}},X\in D\subset E^n \tag{1-20}$$

在满足约束方程：

$$h_v(X)=0 \qquad (v=1,2,\cdots,p) \tag{1-21a}$$

$$g_u(X)\leqslant 0 \qquad (u=1,2,\cdots,m) \tag{1-21b}$$

的条件下，使目标函数值最小，即

$$f(X)\rightarrow \min f(X)=f(X^*) \tag{1-22}$$

这样所得的最优点 X^* 称为约束最优点。

由上式可见，约束条件可分为两类：等式约束和不等式约束。处理等式约束问题与不等式约束问题的方法有所不同，使约束问题最优化的方法也大致可以分为两大类：

1）约束最优化问题的直接解法。这种方法主要用于求解仅含不等式约束条件的最优化问题。当有等式约束条件时，仅当等式约束函数不是复杂的隐函数，且消元过程容易实现时，才可使用这种方法。其基本思想是在可行域内按照一定的原则直接探索出它们的最优点。而不需要将约束最优化问题转换成无约束问题去求优。属于直接解法的最优化方法有随机试验法、随机方向探索法、复合形法，可行方向法、可变容差法、简约梯度法以及广义简约梯度法、线性逼近法等。

2）约束最优化问题的间接解法。这种方法对于不等式约束问题和等式约束问题均有效。其基本思想是按照一定的原则构造一个包含原目标函数和约束条件的新目标函数，即将约束最优化问题的求解转换成无约束最优化问题的求解。显然，约束问题通过这种方法处理，就可以采用上述无约束最优化方法来求解。属于间接法的约束问题的最优化方法有消元法、拉格朗日乘子法和惩罚函数法等，在本节中仅介绍惩罚函数法。

惩罚函数法分为参数型和无参数型两大类。参数型惩罚函数法在构造惩罚函数时，需要引入一个或几个可调整的惩罚参数（因子）。SUMT（Sequential Unconstrained Minimization Technique）法，也称为序列无约束极小化方法，这是一种有代表性的参数型惩罚函数法。根据惩罚项的函数形式的不同，参数型惩罚函数法（SUMT 法）又分为内点法、外点法和混合点法三种。无参数型惩罚函数法又称为无参数 SUMT 法，是一种借助于修改惩罚函数来使参数自动选取的方法。由于此法较之前法无特别优越处，且收敛慢（多为线性收敛速率），故很少采用。

（1）内点法　内点法是求解不等式约束最优化问题的一种十分有效的方法，但不能处理等式约束。其特点是将构造的新的无约束目标函数——惩罚函数定义于可行域内，并在可行域内求惩罚函数的极值点，即求解无约束问题时的探索点总是保持在可行域内部。

对于目标函数 $f(\boldsymbol{X})$ 受约束于 $g_u(\boldsymbol{X})\leqslant 0(u=1,\ 2,\ \cdots,\ m)$ 的最优化问题，利用内点法求解时，惩罚函数的一般形式为

$$\varphi(\boldsymbol{X},r^{(k)})=f(\boldsymbol{X})-r^{(k)}\sum_{u=1}^{m}\frac{1}{g_u(\boldsymbol{X})} \tag{1-23a}$$

或

$$\varphi(\boldsymbol{X},r^{(k)})=f(\boldsymbol{X})-r^{(k)}\left|\sum_{u=1}^{m}\ln g_u(\boldsymbol{X})\right| \tag{1-23b}$$

而对 $f(\boldsymbol{X})$ 受约束于 $g_u(\boldsymbol{X})\geqslant 0$（$u=1,\ 2,\ \cdots,\ m$）的最优化问题，其惩罚函数的一般形式为

$$\varphi(\boldsymbol{X},r^{(k)})=f(\boldsymbol{X})+r^{(k)}\sum_{u=1}^{m}\frac{1}{g_u(\boldsymbol{X})} \tag{1-24a}$$

或

$$\varphi(\boldsymbol{X},r^{(k)})=f(\boldsymbol{X})+r^{(k)}\left|\sum_{u=1}^{m}\ln g_u(\boldsymbol{X})\right| \tag{1-24b}$$

式中，$r^{(k)}$ 为惩罚因子，是递减的正数序列。即

$$r^{(0)}>r^{(1)}>\cdots>r^{(k)}>r^{(k+1)}>\cdots>0$$

$$\lim_{k\to\infty}r^{(k)}=0$$

通常，取 $r^{(k)}=1.0,\ 0.1,\ 0.01,\ 0.001$。

上述惩罚函数表达式的右边的第二项 $r^{(k)}\sum_{u=1}^{m}\frac{1}{g_u(\boldsymbol{X})}$，称为惩罚项。

只要设计点 $\boldsymbol{X}$ 在探索过程中始终保持为可行点，则惩罚项必为正值，且当设计点由可行域内部远离约束边界处移向边界 $[g_u(\boldsymbol{X})=0]$ 时，惩罚项的值就要急剧增大直至无穷大，于是惩罚函数 $\varphi(\boldsymbol{X}, r^{(k)})$ 也随之急剧增大直至无穷大。这时对设计变量起惩罚作用，使其在迭代过程中始终不会触及约束边界。因此，第二项使约束边界成为探索点是一个不能跳出可行域之外的障碍。

由惩罚函数的表达式可知，对惩罚函数 $\varphi(\boldsymbol{X}, r^{(k)})$ 求无约束极值时，其结果将随给定的惩罚因子 $r^{(k)}$ 而异。为了取得约束面上的最优解，在迭代过程中就要逐渐减小惩罚因子的值，直至为零，这样才能迫使 $\varphi(\boldsymbol{X}, r^{(k)})$ 的极值点 $\boldsymbol{X}^*(r^{(k)})$ 收敛到原函数 $f(\boldsymbol{X})$ 的约束最优点 $\boldsymbol{X}^*$。可以把每次迭代所得的 $\varphi(\boldsymbol{X}, r^{(k)})$ 的无约束极值的最优解 $\boldsymbol{X}^*(r^{(k)})$ 看作是以 $r^{(k)}$ 为参数的一条轨迹，当取 $r^{(0)}>r^{(1)}>\cdots>r^{(k)}>r^{(k+1)}>\cdots>0$ 且 $\lim\limits_{k\to\infty}r^{(k)}=0$ 时，点列 $\{\boldsymbol{X}^*(r^{(k)})\}$ 就沿着这条轨迹趋于 $f(\boldsymbol{X})$ 的约束最优点。因此，惩罚因子 $r^{(k)}$ 又称为惩罚参数。内点法是随着惩罚参数 $r^{(k)}$ 递减序列，使惩罚函数的无约束极值点 $\boldsymbol{X}^*(r^{(k)})$ 从可行域的内部向原目标函数的约束最优化点逼近，直到达到最优点。

（2）外点法　与内点法将惩罚函数定义于可行域内，且求解无约束问题的探索点总是保持在可行域内的特点不同，外点法的特点是将惩罚函数定义于约束可行域之外，且求解无约束问题的探索点是从可行域外部逼近原目标函数的约束最优解的。

对于目标函数 $f(\boldsymbol{X})$ 受约束于 $g_u(\boldsymbol{X})\leqslant 0(u=1, 2, \cdots, m)$ 的最优化设计问题，利用外点法求解时，作为无约束新目标函数的惩罚函数，其一般表达式为

$$\varphi(\boldsymbol{X},M^{(k)})=f(\boldsymbol{X})+M^{(k)}\sum_{u=1}^{m}\{\max[g_u(\boldsymbol{X}),0]\}^a \tag{1-25}$$

$$\lim_{k\to\infty}M^{(k)}=+\infty$$

在惩罚项中，有

$$\max[g_u(\boldsymbol{X}),0]=\frac{g_u(\boldsymbol{X})+|g_u(\boldsymbol{X})|}{2}=\begin{cases}g_u(\boldsymbol{X}) & g_u(\boldsymbol{X})>0\\ 0 & g_u(\boldsymbol{X})\leqslant 0\end{cases} \tag{1-26}$$

由此可见，当探索点 $\boldsymbol{X}^{(k)}$ 在可行域内时，惩罚项为零；若不在可行域内，则不为零，且 $M^{(k)}$ 越大，受到的惩罚也越大。因此，要使 $\varphi(\boldsymbol{X}, M^{(k)})$ 极小，必须迫使式（1-25）中的惩罚项等于零，即迫使 $g_u(\boldsymbol{X})\leqslant 0(u=1, 2, \cdots, m)$。这就保证了在可行域内 $\varphi(\boldsymbol{X}, M^{(k)})$ 与 $f(\boldsymbol{X})$ 是等价的。即

$$\varphi(\boldsymbol{X},M^{(k)})=\begin{cases}f(\boldsymbol{X})+M^{(k)}\sum\limits_{u=1}^{m}[g_u(\boldsymbol{X})]^2 & (\text{在可行域外})\\ f(\boldsymbol{X}) & (\text{在可行域内})\end{cases}$$

当约束条件 $g_u(\boldsymbol{X})\geqslant 0(u=1, 2, \cdots, m)$ 时，惩罚函数的表达式为

$$\varphi(\boldsymbol{X},M^{(k)})=f(\boldsymbol{X})+M^{(k)}\sum_{u=1}^{m}\{\min[0,g_u(\boldsymbol{X})]\}^a \tag{1-27}$$

一般取 $a=2$。同样可得

$$0<M^{(0)}<M^{(1)}<\cdots<M^{(k)}<M^{(k+1)}<\cdots<\rightarrow+\infty$$

在惩罚项中，有

$$\min[0,g_u(\boldsymbol{X})]=\frac{g_u(\boldsymbol{X})-|g_u(\boldsymbol{X})|}{2}=\begin{cases}g_u(\boldsymbol{X}) & g_u(\boldsymbol{X})<0\\ 0 & g_u(\boldsymbol{X})\geqslant 0\end{cases} \tag{1-28}$$

当约束条件中包括 $h_v(\boldsymbol{X})=0(v=0,\ 1,\ \cdots,\ p)$ 的等式约束时，在式（1-25）和式（1-27）中的右边需加进第三项——惩罚项 $M^{(k)}\sum\limits_{v=1}^{p}[h_v(\boldsymbol{X})]^2$。对惩罚函数 $\varphi(\boldsymbol{X},\ M^{(k)})$ 求无约束极值，其结果将随给定的惩罚因子 $M^{(k)}$ 的值而异。可以将惩罚函数无约束有值问题的最优解 $\boldsymbol{X}^*$（$M^{(k)}$）看作以 $M^{(k)}$ 为参数的一条轨迹，当取 $0<M^{(0)}<M^{(1)}<\cdots<M^{(k)}<M^{(k+1)}<\cdots<\rightarrow+\infty$ 时，点列 $\{\boldsymbol{X}^*(M^{(k)})\}$ 就沿着这条轨迹趋于原目标函数 $f(\boldsymbol{X})$ 的约束最优解。因此，外点法是随着惩罚因子（参数）$M^{(k)}$ 的递增序列，使惩罚函数的无约束 $\boldsymbol{X}^*$（$M^{(k)}$）从可行域的外部向原目标函数的约束最优点逼近，直至达到最优点。随着惩罚因子的增加由求解一个惩罚函数 $\varphi(\boldsymbol{X},\ M^{(k)})$ 的极小值转入到求解另一个惩罚函数 $\boldsymbol{X}^*(M^{(k+1)})$ 的极小值过程中，惩罚项 $M^{(k)}\sum\limits_{u=1}^{m}[g_u(\boldsymbol{X})]^2$ 之值将逐渐减小，直至为零。

外点法的上述特点，使之很适用于等式的约束的最优化问题。因为在这种情况下，凡是不满足等式约束条件 $h_v(\boldsymbol{X})=0(v=0,\ 1,\ \cdots,\ p)$ 的探索点均是外点。随着探索过程的进行，在求解惩罚函数 $\varphi(\boldsymbol{X},\ M^{(k)})=f(\boldsymbol{X})+M^{(k)}\sum\limits_{v=1}^{p}[h_v(\boldsymbol{X})]^2$ 极小值的过程中，必须要求最后将惩罚项压缩为零，从而使惩罚函数的无约束极值点等于原目标函数的约束最优点 $\boldsymbol{X}^*$。

（3）混合法　鉴于内点法和外点法各有优点和缺点，因此在惩罚函数法中又出现了所谓混合法。它是将内点法和外点法的惩罚函数形式结合在一起，用来求解既有不等式约束又有等式约束条件的最优化问题。

根据混合法的基本思想，作为新目标函数的惩罚函数，其处罚项由两部分组成，一部分反映不等式约束的影响并以内点法的构造形式列出；另一部分反映等式约束的影响并以外点法的构造形式列出。混合法惩罚函数的一般表达式为

$$\varphi(\boldsymbol{X},r^{(k)},M^{(k)})=f(\boldsymbol{X})-r^{(k)}\sum_{u=1}^{m}\frac{1}{g_u(\boldsymbol{X})}+M^{(k)}\sum_{v=1}^{p}[h_v(\boldsymbol{X})]^2 \tag{1-29}$$

即所构造的混合法的惩罚函数，同时含有障碍函数 $r^{(k)}\sum\limits_{u=1}^{m}\frac{1}{g_u(\boldsymbol{X})}$ 和衰减函数 $M^{(k)}\sum\limits_{v=1}^{p}[h_v(\boldsymbol{X})]^2$。根据 Fiacco 等建议的关系式 $M^{(k)}=\frac{1}{\sqrt{r^{(k)}}}$，可将惩罚因子统一用 $r^{(k)}$ 表示，则混合法的惩罚函数又可以表示为

$$\varphi(\boldsymbol{X},r^{(k)},M^{(k)})=f(\boldsymbol{X})-r^{(k)}\sum_{u=1}^{m}\frac{1}{g_u(\boldsymbol{X})}+\frac{1}{\sqrt{r^{(k)}}}\sum_{v=1}^{p}[h_v(\boldsymbol{X})]^2 \tag{1-30}$$

$$(r^{(0)}>r^{(1)}>\cdots>0,\lim_{k\to\infty}r^{(k)}\to 0)$$

混合法与内点法及外点法一样，属于序列无约束极小化方法（SUMT 法）中的一种。利用上式构造混合法的惩罚函数时，其求解具有内点法的特点。这时，其初始点 $\boldsymbol{X}^{(0)}$ 应为内

点；而 $r^{(0)}$ 值可参照内点法选取。混合法的迭代步骤如下：

1）选取初始惩罚因子 $r^{(0)}$ 的值。在 SUMT 程序中，为了简化计算，常取 $r^{(0)}=1$。规定允许误差 $\varepsilon>0$。

2）在可行域 D 内选择一个严格满足所有不等式约束的初始点 $\boldsymbol{X}^{(0)}$。

3）求解 $\min\varphi(\boldsymbol{X}, r^{(k)})$，得 $\boldsymbol{X}^*(r^{(k)})$。

4）检验迭代终止准则。如果满足式

$$\| \boldsymbol{X}^*(r^{(k)})-\boldsymbol{X}^*(r^{(k-1)}) \| \leqslant \varepsilon_1 = 10^{-5}-10^{-7}$$

和

$$\left\| \frac{\varphi(\boldsymbol{X}^*, r^{(k)})-\varphi(\boldsymbol{X}^*, r^{(k-1)})}{\varphi(\boldsymbol{X}^*, r^{(k-1)})} \right\| \leqslant \varepsilon_2 = 10^{-3}-10^{-4}$$

的要求，则停止迭代，并以 $\boldsymbol{X}^*(r^{(k)})$ 为原目标函数 $f(\boldsymbol{X})$ 的结束最优解，否则转入下一步。

5）取 $r^{(k+1)}=Cr^{(k)}$，$\boldsymbol{X}^{(0)}=\boldsymbol{X}^*(r^{(k)})$，$k=k+1$，转向步骤 3），并取 $C=0.1$。

第 2 章 MATLAB编程基础

MATLAB 是 Math Works 公司开发的集算法开发、数据可视化、数据分析以及数值计算于一体的一种高级计算语言和交互式环境。它为满足工程计算的要求而出现，经过不断发展，目前已成为国际公认的优秀工程应用软件之一。MATLAB 不仅可以处理代数问题和数值分析问题，而且具有强大的图形处理及仿真模拟等功能，能很好地帮助工程师及科学家解决实际的技术问题，而且 MATLAB 自身也提供了相关专业领域的工具箱。MATLAB 的一个重要特点就是它有一套程序扩展系统和一组称之为工具箱（toolboxes）的特殊应用子程序。工具箱是 MATLAB 函数的子程序库，每一个工具箱都是为某一类学科专业和应用而定制的，主要包括信号处理、控制系统、神经网络、模糊逻辑、小波分析和系统仿真等方面的应用。

MATLAB 系统由以下 5 个主要部分组成，下面具体进行介绍。

（1）开发环境　由一系列工具组成。这些工具方便用户使用 MATLAB 的函数和文件，其中许多工具采用的是图形用户界面。包括 MATLAB 桌面和命令窗口、历史命令窗口、编辑器和调试器、路径搜索和用于浏览帮助、工作空间、文件的浏览器。

（2）MATLAB 数学函数库　这是一个包含大量计算算法的集合，这些函数包括从最简单最基本的函数（如加、正弦等）到诸如矩阵的特征向量、快速傅里叶变换等较复杂的函数。

（3）MATLAB 语言　这是一个高级的矩阵/阵列语言，它包含控制语句、函数、数据结构、输入输出和面向对象的编程特点。用户可以在命令窗口中将输入语句与执行命令同步，也可以先编写好一个较大的复杂的应用程序（M 文件）后再一起运行。

（4）图形处理　用 MATLAB 可以将矢量和矩阵用图形表现出来，并且可以对图形进行标注和打印。高层次的作图包括二维和三维数据可视化、图像处理、动画和表达式作图，低层次的作图包括定制图形的显示和为用户的 MATLAB 应用程序建立的图形用户界面。

（5）MATLAB 应用程序接口（API）　这是一个库，它允许用户编写可以和 MATLAB 进行交互的 C 或 Fortran 语言程序。

2.1　MATLAB 用户界面

在默认设置下，MATLAB 的用户界面通常包括 4 个窗口，如图 2-1 所示。它们分别是命令行窗口（Command Window）、命令历史窗口（Command History）、工作间管理窗口

（Workspace）和当前路径窗口（Current Dictionary）。对这些窗口的认识，是掌握 MATLAB 的基础，本节主要介绍这些窗口的基本知识。

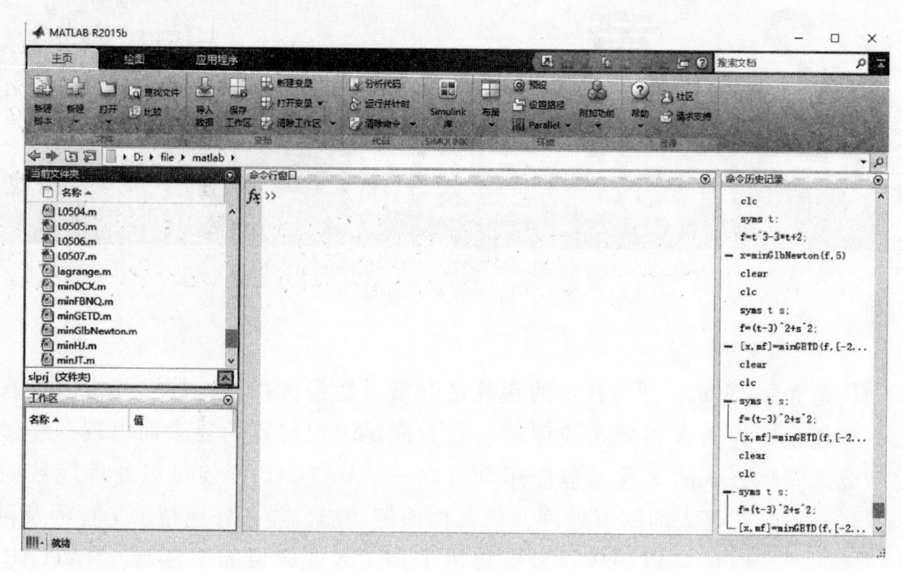

图 2-1　MATLAB 用户界面

在图 2-1 中，各项功能可用鼠标单击激活（也可用“Desktop”→“Desktop Layout”来选择）。

2.1.1　命令行窗口（Command Window）

在默认设置下，命令行窗口自动显示于 MATLAB 界面中，如果用户只想调出命令行窗口，也可执行“Desktop”→“Desktop layout”→“Command Window Only”命令。MATLAB 用户界面的右侧窗口就为命令行窗口，如图 2-2 所示。

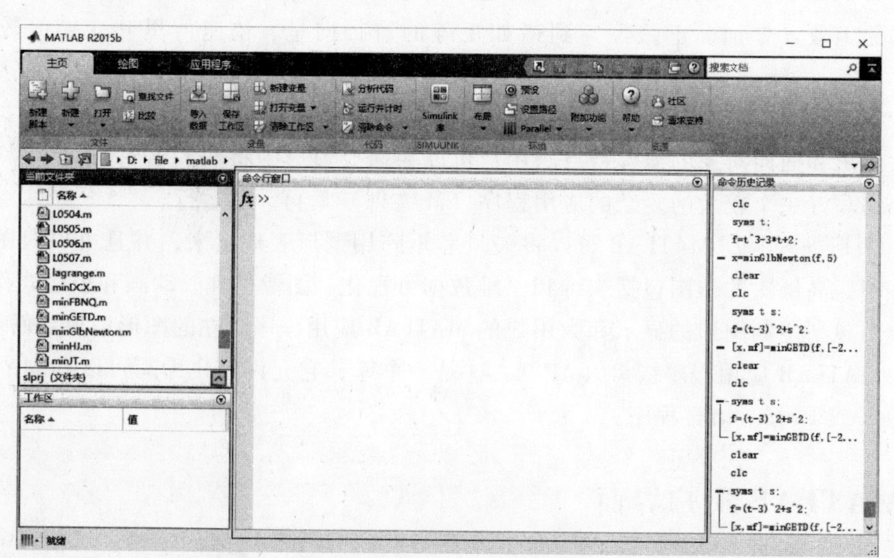

图 2-2　MATLAB 命令行窗口

命令行窗口是和 MATLAB 编译器连接的主要窗口。“>>”为运算提示符，表示 MATLAB 处于准备状态，在提示符号后输入一段正确的运算式时，按<Enter>键后，命令行窗口直接显示运算结果。

例 2-1

```
>>grade1=4*30↙
    grade1=
        120
>>grade2=3*35↙
    grade2=
        105
>>total=grade1+grade2↙
    total=
        225
```

例 2-2

```
>>4*30+3*35↙
ans=
        225
```

例 2-1 为存储变量法，例 2-2 为直接输入法。

前述例子是在命令行窗口直接输入命令行，以一种交互的方式来运算，适用于命令行较简单，输入较方便，同时处理的问题步骤少的情况。若处理重复、复杂且易出错的问题时，此种方式很繁琐，并不实用。

MATLAB 具有编程工作方式，与高级语言 Basic、C、Fortran 类似，称作 M 文件编程方式。M 文件用来编辑复杂的程序，如条件转向、循环等语句，M 文件的调用可以在命令行中直接输入它的名称。

直接输入命令行可用作计算器，做简单计算及学习语句使用。

2.1.2 命令历史窗口（Command History）

在默认设置下，命令历史窗口自动显示于 MATLAB 界面中，用户也可以执行“Desktop”→“Command History”命令调出或隐藏该命令窗口，如图 2-3 所示。

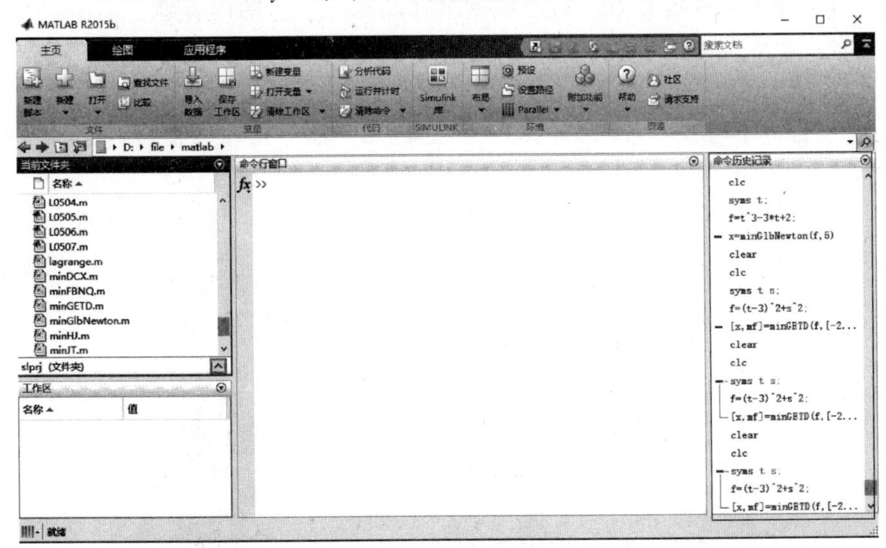

图 2-3　MATLAB 命令历史窗口

命令历史窗口显示用户在命令行窗口中所输入的每条命令的历史记录，并标明使用时间，这样可以方便用户的查询。如果用户想再次执行某条已经执行过的命令，只需在命令历史窗口中双击该命令；如果用户需要从命令历史窗口中删除一条或多条命令，只需选中这些命令，并单击右键，在弹出的快捷菜单中执行 Delete Selection 命令即可。

2.1.3 工作间管理窗口（Workspace）

在默认设置下，工作间管理窗口自动显示于 MATLAB 界面中，用户也可以执行“Desktop”→“Workspace”命令调出或隐藏该命令窗口，如图 2-4 所示。

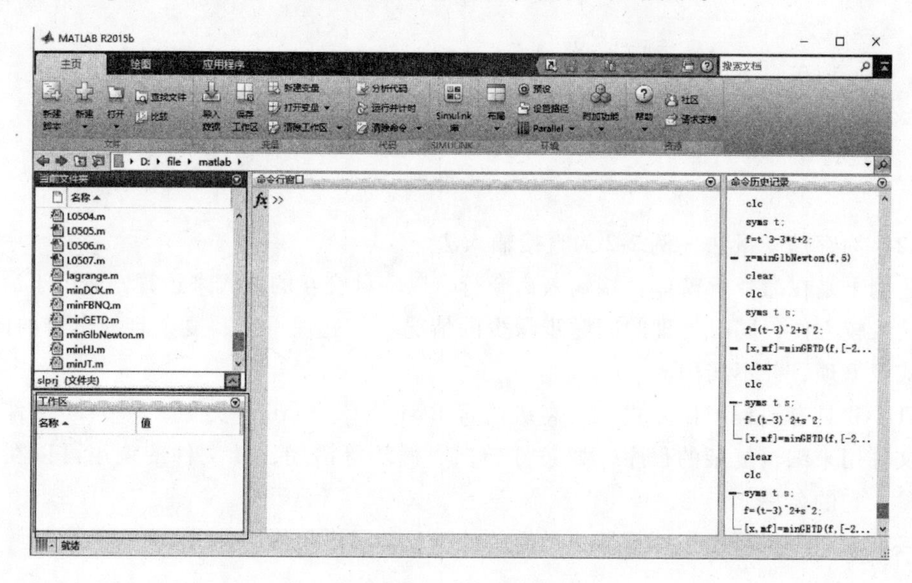

图 2-4　MATLAB 工作间管理窗口

工作间管理窗口是 MATLAB 的重要组成部分。例如，表达式 $x=10$ 产生了一个名为 x 的变量，而且这个变量 x 被赋值 10，这个值就被存储在计算机的内存中。工作间管理窗口用来显示当前计算机内存中 MATLAB 变量的名称、数学结构、该变量的字节数及其类型，不同类型有不同的图标。

如例 2-1：grade1 = 120，grade2 = 105，total = 225，都记录在该窗口内，并可随时直接使用。

1）只在本次使用中有效，退出 MATLAB 后即清除，如不退出则始终存在。

2）命令窗口中运行的所有命令都共享一个相同的工作间。因此，它们共享所有的变量。

2.1.4 当前路径窗口（Current Dictionary）

在默认设置下，当前路径窗口自动显示于 MATLAB 界面中，用户也可以执行“Desktop”→“Current Directory”命令调出或隐藏该命令窗口，如图 2-5 所示。

显示当前用户工作所在的路径。用户当前要运行的文件应在当前路径内（目录内）——文件列于窗口中，否则找不到。

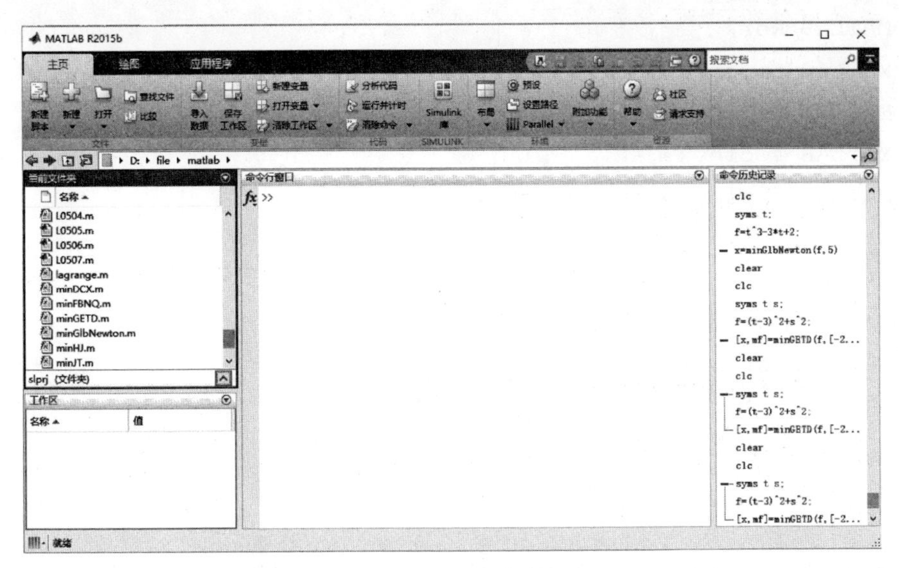

图 2-5　MATLAB 当前路径窗口

2.2　MATLAB 路径搜索

MATLAB 有一个专门用于寻找“.m”文件的路径搜索器。“.m”文件是以目录和文件夹的方式分布于文件系统中的，一部分“.m”文件的目录是 MATLAB 的子目录，由于 MATLAB 的一切操作都是在它的搜索路径中进行的，所以如果调用的函数在搜索路径之外，MATLAB 就会认为它不存在。

2.2.1　当前目录

欲显示当前目录，则在命令窗口中“>>”的后面输入“cd”命令↙

```
>>cd↙
  D:  \MATLAB\Work
>>
```

即当前目录是\MATLAB\Work。

2.2.2　路径搜索

在 MATLAB 的主窗口中执行“File”→“Set path”命令，则窗口中列出目前 MATLAB 的所有搜索路径。

如果只想把某一目录下的文件包含在搜索范围内忽略其子目录，则单击“Set path”对话框中的“Add Folder”按钮，否则单击“Add with Subfolders”按钮，一般情况下选择后者。

下面介绍几个路径搜索时常用的命令：

（1）path 命令　在命令窗口中输入“path”命令可以得到 MATLAB 所有的搜索路径，如下所示。

```
>>path
      MATLABPATH
```

```
D:\MATLAB\work
D:\MATLAB\toolbox\matlab\general
D:\MATLAB\toolbox\matlab\ops
D:\MATLAB\toolbox\matlab\lang
D:\MATLAB\toolbox\matlab\elmat
D:\MATLAB\toolbox\matlab\elfun
D:\MATLAB\toolbox\matlab\specfun
D:\MATLAB\toolbox\matlab\matfun
D:\MATLAB\toolbox\matlab\datafun
D:\MATLAB\toolbox\matlab\audio
D:\MATLAB\toolbox\matlab\matlabxl
D:\MATLAB\toolbox\matlab\matlabxldemos
……
```

（2）genpath 命令　在命令窗口中输入“genpath”命令可以得到 MATLAB 所有的搜索路径连接而成的一个长字符串，如下所示：

```
>>genpath
smod \ import \ standalone; D: \ MATLAB \ toolbox \ physmod \ import \
standalone; ……
```

（3）pathtool 命令　在命令窗口中输入“pathtool”命令就可以直接进入搜索路径设置对话框。

欲将 C、D、E、F 等驱动器中其他文件夹或文件包含在路径搜索中，则单击“Add Folder…”将其加入。

MATLAB 只在设置的搜索路径中搜索文件，其他路径不搜索，同时欲操作的文件还需在当前目录窗口中调出才行。

2.3 MATLAB 应用特点

与其他的计算机高级语言相比，MATLAB 具有非常明显的特点。

2.3.1 使用便捷性

MATLAB 允许用户以数学形式的语言编写程序，用户在命令窗口中输入命令即可直接得出结果，这比 C、Fortran 和 Baisc 等高级语言都方便很多。由于它是用 C 语言开发的，它的流程控制语句与 C 语言中的相应语句几乎一致。所以，初学者如果有 C 语言的基础，就会更容易掌握 MATLAB 语言。

2.3.2 支持多种操作系统

MATLAB 支持多版本 Windows 操作系统以及许多不同版本的 UNIX 操作系统。而且，在一种平台上编写的数据文件转移到另外的平台时，也不需要做出任何修改。因此，用户编写的 MATLAB 程序可以自由地在不同的平台之间转移。这给用户带来了极大的方便。

2.3.3 内部函数丰富

MATLAB 的内部函数库提供了相当丰富的函数，这些函数可以解决许多基本问题，如矩阵的输入。在其他语言（如 C 语言）中，要输入一矩阵先要编写一个矩阵的子函数，而 MATLAB 语言则提供了一个人机交互的数学系统环境，该系统的基本数据结构是矩阵，在生成矩阵对象时，不要求明确的维数说明。与利用 C 语言或 Fortran 语言编写数值计算的程序设计相比，利用 MATLAB 可以节省大量的编程时间。这给用户节省很多时间，使用户能够把精力放在创造方面，而将繁琐的问题交给内部函数来解决。

除了这些数量巨大的基本内部函数外，MATLAB 还有为数不少的工具箱。这些工具箱用于解决某些特定领域的复杂问题，如使用 Wavelet Toolbox 进行小波理论分析。同时，用户可以通过网络获取更多的 MATLAB 程序。

2.3.4 强大的图形和符号功能

MATLAB 具有强大的图形处理功能，它本身带有许多绘图的库函数，可以很轻松地画出各种复杂的二维和多维图形。这些图形可以在与运行该程序的计算机连接的任何打印机设备上打印出来，这使得 MATLAB 成为使技术数据可视化的杰出代表，MATLAB 绘制的三维图如图 2-6 所示。

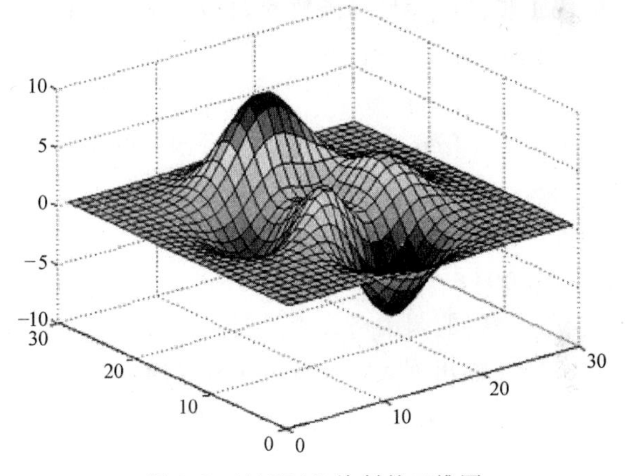

图 2-6 MATLAB 绘制的三维图

2.3.5 自动选择算法

在使用其他语言编制程序时，往往会在算法的选择上费一番周折，但在 MATLAB 中，这个问题不存在。MATLAB 的许多功能函数都带有算法的自适应能力，它会根据情况自行选择最合适的算法，这样，当使用其他程序时，因算法选择不当而引起的譬如死循环等错误，在使用 MATLAB 时可以很大程度上避免。

2.3.6 与其他软件和语言的良好对接性

MATLAB 可以与 Maple、Fortran、C 和 Basic 等软件之间实现很方便的链接，用户只需将已有的 EXE 文件转换成 MEX 文件即可。可见，MATLAB 除自身具有十分强大的功能外，还可以与其他的程序和软件实现良好的交流，这样可以最大限度地利用各种资源优势，从而使 MATLAB 编程工作做到最大程度的优化。

2.3.7 强大的数值分析计算能力

MATLAB 为数值计算提供了强大的平台，进行某种数值计算时，只需调用相应的函数即可，就像其他语言调用内部函数一样。对于复杂的计算问题，还可编写自己的函数供其调用。

例 2-3 求解线性方程组 $Ax=b$。

```
>>A=[1  -2  3
   3  -2  1
   1   1  -1];↙
>>b=[2;7;1];↙
>>x=A/b↙
  x=
    1.6250
    -1.5000
    -0.8750
>>
```

例 2-4 求函数 $f(x)=x^3-2x-5$ 的零点。

本例即是求非线性方程的根。

第 1 步：编写目标函数的 M 文件：opt. m

```
function  y=f(x)
y=x^3-z*x-5;
```

第 2 步：fzero 函数为求导变量函数的零点。返回的值 x 为函数改变符号处邻域内的点。

```
>>x=fzero(@ opt,2)
x=
  2.0946
```

复杂一些的调用格式为

［输出列表］=fzero（输入列表）

由例 2-3、例 2-4 可见，利用 MATLAB 求解时，调用相应的函数即可。

2.4 编程基础

与 Basic、C、Fortran 语言不同，在 MATLAB 命令行窗口的提示符“>>”下，即可输入“1+2”“$x+y$”“$a=2$”这类表达式或赋值型语句，也可输入调用内部函数的语句（例 2-4），还可输入类似于系统命令的指令，如 edit（编辑）命令、save（保存）命令、load（读取）命令等。

实际上，MATLAB 把这些都作为各种函数处理。

2.4.1 简单数学运算

数学式的输入方法有：

(1) 直接输入法　在命令行窗口中直接输入数学表达式，按〈Enter〉键确认，即可得到结果。

例如：>>4*30+3*35↙

ans=

```
    225
```

（2）存储变量法 采用直接输入法虽然简单易行，但是当用户需要解决的问题比较复杂时，采用直接输入法有时变得比较困难，此时，可以通过采用给变量赋予变量名的方法来进行操作。

例如：

```
>>x1=4*30↙
x1=
      120
>>x2=3*35↙
x2=
      105
>>y=x1+x2↙
  y=
      225
>>
```

2.4.2 标点符号的使用

（1）分号（;） 在命令行窗口输入命令后，按〈Enter〉键，将在命令行窗口直接显示该命令的计算结果。当不想显示时，末尾可使用分号。

例如：

```
>>x1=4*30; ↙
>>x2=3*35; ↙
>>y=x1+x2↙
  y=
    225
>>
```

（2）百分号（%） 百分号后的所有文本都是注释。

例如：

```
>>x1=4*30;                   % 求 x1↙
>>x2=3*35;                   % 求 x2↙
>>y=x1+x2                    % 求总和↙
  y=
    225
>>
```

（3）逗号（,） 允许一行输入多个命令，用逗号或分号分隔。

区别：逗号时，命令结果显示；分号时不显示。

例如：

```
>>x=1, y=2; z=3, w=4↙
  x=1
  z=3
  w=4
  >>
```

（4）续行号（…） 很长句子分几行写，行末使用续行号。

例如：>>x1=4*…

```
30  % x1↙
x1=
120
```

注意：（…）不能用在等号后，变量名不能断开。

2.4.3 常用操作命令

cd——显示或改变当前目录

clear——清除内存变量

dir——显示当前目录下的文件

disp——显示变量或文字内容

type——显示文件内容

load——加载指定文件的变量

path——显示搜索目录

quit——退出 MATLAB

save——保存内存变量到指定文件

2.4.4 数据类型

1. 常量

主要有 pi——π；inf——∞；eps——浮点数相对误差；inf——MATLAB 允许的最大数是 2^{1024}，超过该数，视为+∞。其他软件会死机，MATLAB 不会。

例如：>>1/0↙

```
waring: Divide by zero
ans=
inf
   >>pi↙
   ans=
     3.1416
```

eps——判断是否为零元素的误差限，eps=2.2204e×10^{-16}（默认）；nargin——函数的输入个数；nargout——函数的输出个数。

2. 变量

不需对使用的变量事先说明，也不需指定类型，其他规则如下：

1）变量名长≤31 位。

2）变量名区分大小写。

3）变量名必须字母开头，其后可包含字母、数字、下划线，但不能有标点符号。

变量又分为局部变量、全局变量和永久变量。

（1）局部变量（Local） 在函数中定义的变量。每个函数都有自己的局部变量，局部变量只能被定义它的函数访问。当函数运行时，它的变量保存在自己的工作区中，一旦函数退出运行，内存中的变量将不复存在。

（2）全局变量（Global） 几个函数共享的变量。每个使用它的函数都要用 global 语句声明它为全局变量。而每个共享它的函数都可以改变它的值，因此这些函数运行时要特别注意全局变量的动态。

（3）永久变量（Persistent） 只能在 M 文件函数中定义和使用，只允许定义它的函数存取。当定义它的函数退出时，MATLAB 不会从内存清除它，下次调用这个函数，将使用它被保留的当前值。只有清除函数时，才能从内存清除它们。

3. 函数

sin——正弦；asin——反正弦；cos——余弦；acos——反余弦；tan——正切；cot——余切；exp——指数；log——自然对数；log10——10 底对数；log2——2 底对数；round——四舍五入；sqrt——平方根；abs——模。

4. 浮点数

MATLAB 提供了单精度浮点数类型和双精度浮点数类型。

双精度浮点型与逻辑型、字符型进行运算时，返回结果为双精度浮点型；而与整数型进行运算时返回结果为相应的整数型，与单精度浮点型运算时返回结果为单精度浮点型。

单精度浮点型与逻辑型、字符型和任何浮点型进行运算时，返回结果都是单精度浮点型。需要注意的是，单精度浮点型不能和整数型进行算术运算。

例如：
```
>>a=0.33-0.5+0.17↙
  a=
    2.7756e-017
>>b=0.33+0.17-0.5↙
  b=
    0
>>c=0.17-0.5+0.33↙
  c=
    5.5511e-017
```

2.4.5 矢量的生成

在命令行窗口按一定格式输入，矢量元素用“[]”括起来。使用矢量元素时应注意以下规则：

1）元素间用空格或逗号生成行矢量。

2）元素间用分号生成列矢量。

3）元素间用冒号生成递增矢量。

例如：
```
>>a1=[11  14  17  18]; ↙
>>a2=[11, 14, 17, 18]; ↙
>>a3=[11; 14; 17; 18]; ↙
>>a1↙
  a1=
      11  14  17  18
>>a2↙
  a2=
      11  14  17  18
>>a3↙
    a3=
```

```
11
14
17
18
```

2.4.6 矩阵的生成（在命令行窗口输入法）

MATLAB 中最基本的数据结构是二维的矩阵。二维的矩阵可以方便地存储和访问大量数据。每个矩阵的单元可以是数值类型、逻辑类型、字符类型或者其他任何的 MATLAB 数据类型。无论是单个数据还是一组数据，MATLAB 均采用二维的矩阵来存储。对于一个数据，MATLAB 用 1×1 矩阵来表示；对于一组数据，MATLAB 用 $1\times n$ 矩阵来表示，其中 n 是这组数据的长度。MATLAB 也支持多维的矩阵，MATLAB 中称这类数据为多维数组(array)。为了方便，把 1×1 的矩阵称为标量，把 $1\times n$ 的矩阵称为矢量。把至少有一维的长度为 0 的矩阵称为空矩阵，空矩阵可以用 [ ] 来表示。

最简单的构造矩阵方法是采用矩阵构造符 [ ]，构造一行的矩阵可以把矩阵元素放在矩阵构造符 [ ] 中，并以空格或者逗号来隔开它们，其代码设置如下：

1）
```
matrix=[1,1,1,1;2,2,2,2;3,3,3,3;4,4,4,4]↙
matrix=
     1    1    1    1
     2    2    2    2                        用逗号分隔
     3    3    3    3
     4    4    4    4
```

2）
```
matrix=[1  1  1  1;2  2  2  2;3  3  3  3;4  4  4  4]↙
matrix=
     1    1    1    1
     2    2    2    2                        用空格分隔
     3    3    3    3
     4    4    4    4
```

2.4.7 关系操作符

MATLAB 的关系运算符只对具有相同规模的两个操作数或者其中一个操作数为标量的操作数进行操作。当两个操作数具有相同规模时，MATLAB 对两个矩阵的对应元素进行比较，返回的结果是与操作数具有相同规模的矩阵。

<——小于；>——大于；<=——小于或等于；>=——大于或等于；==——等于；~=——约等于。

2.4.8 逻辑操作符

MATLAB 提供三种类型的逻辑运算符，即元素方式逻辑运算符、比特方式逻辑运算符和短路逻辑运算符。

&——与，两个操作数同时为 1，运算结果为 1；否则为 0。

| ——或，两个操作数同时为0，运算结果为0；否则为1。

~ ——非，当A为0时，运算结果为1；否则为0。

MATLAB的元素方式逻辑运算符只对具有相同规模的两个操作数或者其中一个操作数为标量的操作数进行操作。元素方式逻辑运算符有重载的函数，实际上符号“&”“|”和“~”的重载函数分别是and（）、or（）和not（）。

2.4.9 程序控制

1. 选择语句

1）只有一种选择时的情况。

```
if 表达式
 执行语句     } 表达式为真，则执行；否则，跳过。
end
```

例如：if x>0

fprintf(1% f is a positive number\n,x)

2）有两种选择时的情况。

```
if 表达式
 执行语句1
else          } 表达式为真，则执行语句1；否则，执行语句2。
 执行语句2
end
```

3）有三种或三种以上选择情况。

```
if 表达式1
 表达式 1为真时的执行语句1
else if 表达式2
 表达式 2为真时的执行语句2
else if 表达式3
 表达式 3为真时的执行语句3
 ⋮
else
所有表达式都为假时的 执行语句(可有可无)
end
```

2. 分支语句（switch—case—otherwise—end）

分支语句执行基于变量或表达式值的语句组，关键字 *case* 和 *otherwise* 用于描述语句组。用到 *switch* 则必须用 *end* 与之搭配。

分支结构的语法格式保证了至少有一个指令组将会被执行。

分支指令之后的表达式应为一个标量或一个字符串。当表达式为标量时，比较命令为表达式==检查值i；而当表达式为字符串时，MATLAB将会调用字符串函数进行比较。

Case 指令之后的检测值不仅可以是一个标量或一个字符串，还可以是一个单元数组。如果检测时是一个单元数组，则MATLAB将会把表达式的值与单元数组中的所有元素进行

比较。如果单元数组中有某个元素与表达式的值相等，MATLAB 则认为此次比较的结果为真，从而执行与该次检测相对应的命令组。

例 2-5 学生成绩管理，划分区域：满分（100）、优秀（90~99）、良好（80~89）、及格（60~79）、不及格（<60）。

```
fori=1:10
a{i}=89+i;
b{i}=79+i;
c{i}=69+i;
d{i}=59+i;
    end
    c=[d,c]
    name={'zhang','lin','huang','chen','xu'};        % 元胞数组
    score={78,92,89,40,100};
    rank=cell(1,5);
    % 创建一个含有5个元素的结构体数组S,它有三个域:name,score,rank
    S=struct('name',name,'score',score,'rank',rank);
    % 根据学生的分数,求出相应的等级
fori=1:5
switchS(i).score
case100
            S(i).rank='满分';
        casea
            S(i).rank='优秀';
        caseb
            S(i).rank='良好';
        casec
            S(i).rank='及格';
otherwise
            S(i).rank='不及格';
end
end
        % 将学生的姓名、得分、登记信息打印出来
disp(['学生姓名','得分','等级']);
fori=1:5
        disp([S(i).name,blanks(6),num2str(S(i).score),blanks(6),S
        (i).rank]);
end
```

运行程序，输出如下：

学生姓名　　　　得分　　　　等级

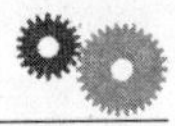

```
zhang          78          及格
lin            92          优秀
huang          89          良好
chen           40          不及格
xu             100         满分
```

3. for 循环语句

for 循环语句是针对大型运算相当有效的运算方法。for 循环重复执行一组语句一个预先给定的次数，匹配的 end 描述该语句。for 循环的语法格式为

$$\left.\begin{array}{l} for\ i=m:s:n \\ \text{执行语句},\cdots,\text{执行语句} \\ \text{end} \end{array}\right\} \text{i 从 m 到 n,间隔 s}$$

i=m : n 时，默认 s=1。

for 指令后面的变量 x 称为循环变量，而 *for* 与 *end* 之间的命令组称为循环体。循环体被重复执行的次数是确定的，该次数由数组的列数来确定。因此，在 *for* 循环过程中，循环变量依次赋值为数值的各列，每次赋值，循环体都被执行一次。

for 循环内部语句末尾的分号隐藏重复的打印，如果指令中包含变量，则循环后在命令行窗口直接输入变量 r 来显示变量 r 经过循环后的最终结果。

例如：
```
fori=1:1:10
x(i)=i^2
      end
      >>x
        x=
          1   4   9   16   25   36   49   64   81   100
```

运行完后，自动在工作区间产生双精度数组 *X*，可用 *whos* 命令查看。注意：*for* 循环可嵌套使用。

4. while 循环语句

while 循环在一个逻辑条件的控制下重复执行一组语句一个不确定的次数，匹配的 *end* 描述该语句。*while* 循环的语法结构为

$$\left.\begin{array}{l} \text{while}\quad\text{表达式} \\ \text{执行语句} \\ \text{end} \end{array}\right\}$$

在 *while* 和 *end* 之间的命令组称为循环体。*MATLAB* 在运行 *while* 循环之前，首先检查 *while* 指令后的表达式的值，如果其逻辑为真，则执行命令组；命令组第一次执行完毕后，继续检测 *while* 指令后的表达式的逻辑值，如果其逻辑值仍为真，则循环执行命令组，直到表达式的逻辑值为假时，结束 *while* 循环。

while 循环结构的循环体被执行的次数是不确定的，而 *for* 循环结构中循环体的被执行次数是确定的。

如果 *while* 指令后的表达式为空数组，那么 *MATLAB* 默认表达式的值为 *false*，直接结束循环。

只要表达式的值不是 *false*，程序就一直运行，如总是 *true*，则陷入死循环，因此使用时，一定设置为能出现 *false* 的情况。

例 2-6 利用 while 循环结构求方程 x^3-2x-5 的解。

```
clear;
a=0;fa=-inf;
b=3;fb=inf;
while b-a>eps*b
  x=(a+b)/2;
fx=x^3-2*x-5;
iffx==0
break
elseif sign(fx)==sign(fa)
     a=x;fa=fx;
else
     b=x;fb=fx;
end
end
disp('方程的解为:')
disp(x)
```

运行程序，输出如下：

```
方程的解为:
     2.0946
```

2.4.10 程序的调试

对于编程者来说，程序运行时出现 bug 在所难免，尤其是在大规模、多人共同参与的情况下，因此掌握程序调试的方法和技巧对提高工作效率很重要。一般来说，错误可分为两种，即语法错误（Syntax Errors）和逻辑错误（Logic Errors）。语法错误一般是指变量名与函数名的误写，标点符号的缺漏和 end 的漏写等，对于这类错误，MATLAB 在运行或 P 码编译时一般都能发现，终止执行并报错，用户很容易发现并改正。而逻辑错误可能是程序本身的算法问题，也可能是用户对 MATLAB 的指令使用不当，导致最终获得的结果与预期值偏离，这种错误发生在运行过程中，影响因素比较多，而这时函数的工作空间已被删除，调试起来比较困难。下面针对上述的两种错误推荐两种调试方法，即直接调试法和工具调试法。

（1）直接调试法　MATLAB 本身的运算能力强，指令系统比较简单，因此程序一般都显得比较简洁，对于简单的程序采用直接调试法往往还是很有效的。通常采取的措施如下。

1）通过分析后，将重点怀疑语句后的分号删掉，将结果显示出来，然后与预期值进行比较。

2）单独调试一个函数时，将第一行的函数声明注释掉，并定义输入变量的值，然后以脚本方式执行此 M 文件，这样就可保存下原来的中间变量了，可以对这些结果进行分析，找出错误。

3）可以在适当的位置添加输出变量值的语句。

4）在程序中的适当位置添加 keyboard 指令。当 MATLAB 执行至此处时将暂停，并显示 k>>提示符，用户可以查看或改变各个工作空间中存放的变量，在提示符后输入“return”指令可以继续执行原文件。

但是对于文件规模大，相互调用关系复杂的程序，直接调试是很困难的，这时可以借助于 MATLAB 的专门工具调试器（Debugger）进行，即工具调试法。

（2）工具调试法　MATLAB 自身包括调试程序的工具，利用这些工具可以提高编程的效率，包括一些命令行形式的调试函数和图形界面形式的菜单命令。实际工作中，可以根据个人需要进行操作。本节主要介绍一些基本方法，在这些方法的基础上还需要读者不断实践，总结经验，才能做到熟练运用，高效编程。

1）设置断点。这是其中一个最重要的部分，可以利用它来指定程序代码的断点，使得 MATLAB 可在断点前停止执行，从而可以检查各个局部变量的值。函数格式有以下几种：

① dbstop in mfile。在文件名为 mfile 的 M 文件的第一个可执行语句前设置断点，执行该命令后，当程序运行到 mfile 的第一个可执行语句时，可暂时中止 M 文件的执行，并进入 MATLAB 的调试模式。M 文件必须处在 MATLAB 搜索路径或当前目录内。如果用户已经激活了图形调试模式，则 MATLAB 调试器将打开该 M 文件，并在第一个可执行语句前设置断点。

② dbstop in mfile at lineno。在文件名为 mfile 的 M 文件的第 lineno 行设置断点，执行过程与上一命令类似。如果行号为 lineno 的语句为非执行语句，则停止执行的同时，在该行号的下一个可执行语句前设置断点。M 文件必须处在 MATLAB 搜索路径或当前目录内。此时，用户可以使用各种调试工具、查看工作空间变量、公布任何有效的 MATLAB 函数。

③ dbstop in mfile at subfun。执行该命令后，当程序执行到子程序 subfun 时，暂时中止文件的执行并使 MATLAB 处于调试模式，其他要求和操作与上面的函数类似。

④ dbstop if error。执行该命令后，可在运行 M 文件遇到错误时，终止 M 文件的执行，并使 MATLAB 处于调试状态，运行停止在产生错误的行。这里的错误不包括 try catch 语句中检测到的错误，用户不能在错误后重新开始程序的运行。

⑤ dbstop if all error。与上一命令类似，但是在执行该命令时遇到任何类型的运行错误时均停止，包括在 try catch 语句中检测到的错误。

⑥ dbstop if warning。执行该命令后，在运行 M 文件遇到警告时，终止 M 文件的执行，并使 MATLAB 处于调试状态，运行将在产生警告的行暂停，程序可以恢复运行。

⑦ dbstop if caught error。执行该命令后，当 try catch 检测到运行时间错误时，停止 M 文件的执行，用户可以恢复程序的运行。

⑧ dbstop if naninf 或 dbstop if infnan。执行该命令后，当遇到无穷值或者非数值时，终止 M 文件的执行。

2）清除断点。函数格式有以下几种：

① dbclear all。清除所有 M 文件中的所有断点。

② dbclear all in mfile。清除文件名为 mfile 的 M 文件中的所有断点。

③ dbclear in mfile。清除 mfile 中第一个可执行语句前的断点。

④ dbclear in mfile at lineno。清除 mfile 中行号为 lineno 的语句前的断点。

⑤ dbclear in mfile at subfun。清除 mfile 中子函数 subfun 行前的断点。

⑥ dbclear if error。清除由 dbstop if error 设置的暂停断点。

⑦ dbclear if warning。清除由 dbstop if warning 设置的暂停断点。

⑧ dbclear if naninf。清除由 dbstop if naninf 设置的暂停断点。

⑨ dbclear if infnan。清除由 dbstop if infnan 设置的暂停断点。

3）恢复执行。dbcont 从断点处恢复程序的执行，直到遇到程序的另一个断点或错误后返回 MATLAB 基本工作空间。

4）调用堆栈。dbstack 命令显示 M 文件名和断点产生的行号，调用此 M 文件的名称和行号等，直到最高级 M 文件函数，即列出了函数调用的堆栈。dbstack 命令有以下两种格式。

① dbstack（N）。此命令省略了显示中的前 N 个帧。

② dbstack（´-completenames´）。此命令输出堆栈中的每个函数的全名，即函数文件的名称和在堆栈中函数包含的关系。

5）列出所有断点。

① dbstatus。此命令列出所有的断点，包括错误、警告、nan 和 inf 等。s=dbstatus 将通过一个 M×1 的结构体来返回断点信息，结构体中有以下字段：name—函数名；line—断点行号矢量；expression—与 line 中相对应的断点条件表达字符串；cond—条件字符串，如 error、caught error、warning 或 naninf；identifier—当条件字符串是 error、caught error 或 warning 时，该字段是 MATLAB 的信息指示字符串。

② dbstatusmfile。此命令列出指定的 M 文件中的所有断点设置，mfile 必须是 M 文件函数的名称或者是 MATLAB 有效的路径名。

6）执行 1 行或多行语句。

① dbstep。执行当前 M 文件下一个可执行语句。

② dbstepnlines。执行当前 M 文件下 nlines 行可执行语句。

③ dbstep in。当执行下一个可执行语句时，如果其中包含对另外一个函数的调用，此命令将从被调用的函数文件的第一个可执行语句执行。

④ dbstep out。此命令将执行函数剩余的部分，在离开函数时停止。

7）列出文件内容。

① dbtypemfile。列出 mfile 文件的内容，并在每行语句前面加上标号以方便使用者设定断点。

② dbtypemfilestart：end。列出 mfile 文件中指定行号范围的部分。在 UNIX 和 VMS 调试模式下，并不显示 MATLAB 的调试器，此时必须使用 dbtype 来显示源程序代码。

8）切换工作空间。

① dbdown。遇到断点时，将当前工作空间切换到被调用的 M 文件的空间。

② dbup。将当前工作空间（断点处）切换到调用 M 文件的工作空间。两个命令常常配合使用。

9）退出调试模式。dbquit 立即结束调试器并返回到基本工作空间，所有断点仍有效。

2.5 M 文件编辑器

将 MATLAB 语句按照特定的顺序组合在一起就得到了 MATLAB 程序，其文件名的扩展名为 .m，故也称为 M 文件。读者应该把程序写在 M 文件里，方便以后查看、修改及调用，如图 2-7 所示。

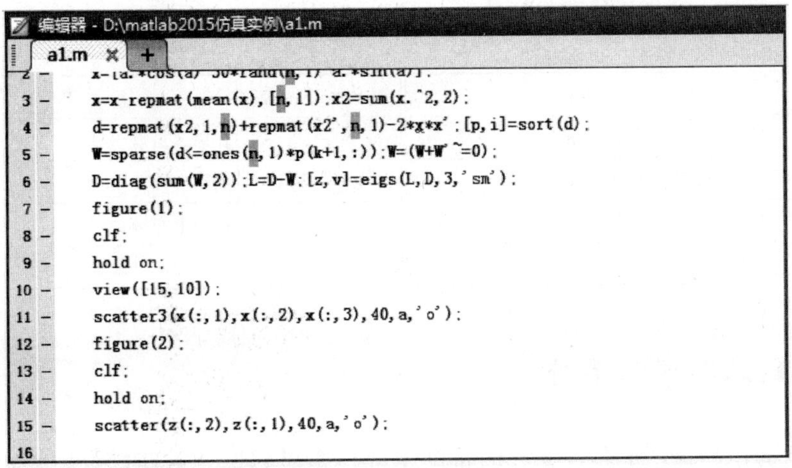

编辑器 - D:\matlab2015仿真实例\a1.m

a1.m

```
2 -  x=[a.*cos(a) 30*rand(n,1) a.*sin(a)];
3 -  x=x-repmat(mean(x),[n,1]);x2=sum(x.^2,2);
4 -  d=repmat(x2,1,n)+repmat(x2',n,1)-2*x*x';[p,i]=sort(d);
5 -  W=sparse(d<=ones(n,1)*p(k+1,:));W=(W+W'~=0);
6 -  D=diag(sum(W,2));L=D-W;[z,v]=eigs(L,D,3,'sm');
7 -  figure(1);
8 -  clf;
9 -  hold on;
10 - view([15,10]);
11 - scatter3(x(:,1),x(:,2),x(:,3),40,a,'o');
12 - figure(2);
13 - clf;
14 - hold on;
15 - scatter(z(:,2),z(:,1),40,a,'o');
16
```

图 2-7 M 文件编辑器

2.6 图形窗口

MATLAB 图形窗口（Figures）主要用于显示用户所绘制的图形。通常只要执行了任意一种绘图命令，图形窗口就会自动产生。MATLAB 图形窗口如图 2-8 所示。

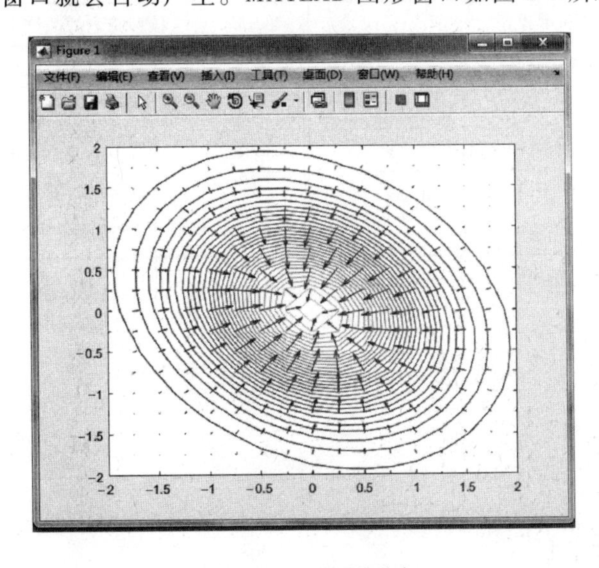

图 2-8 MATLAB 图形窗口

MATLAB 的绘图可以分为两种：一种是直接在工作空间绘图，另一种是利用绘图函数绘图。

2.7 MATLAB 文件管理

MATLAB 提供了一组文件管理命令，包括列文件名、显示或删除文件、显示或改变当前目录等，相关的命令及其功能见表 2-1。

表 2-1 MATLAB 常用文件管理命令及其功能

命 令	功 能	命 令	功 能
what	显示当前目录与 MATLAB 相关的文件及路径	type filename	在命令窗口中显示文件 filename
dir	显示当前目录下所有的文件	delete filename	删除文件 fielname
which	显示某个文件的路径	cd..	返回上一级目录
cd path	由当前目录进入 path 目录	cd	显示当前目录

2.8 MATLAB 帮助系统

MATLAB 为用户提供了非常完善的帮助系统，如 MATLAB 的在线帮助、帮助窗口、帮助提示、HTML 格式的帮助、pdf 格式的帮助文件以及 MATLAB 的示例和演示等。通过使用 MATLAB 的帮助菜单或在命令行窗口中输入帮助命令，可以很容易地获得 MATLAB 的帮助信息，并能通过帮助进一步学习 MATLAB。下面介绍 MATLAB 中的帮助系统。

常用的 MATLAB 帮助命令及其功能见表 2-2。

表 2-2 常用的 MATLAB 帮助命令及其功能

帮助命令	功 能	帮助命令	功 能
help	获取在线帮助	which	显示指定函数或文件的路径
demo	运行 MATLAB 演示程序	lookfor	按照指定的关键字查找所有相关的 M 文件
tour	运行 MATLAB 漫游程序	exit	检查指定变量或文件的存在性
who	列出当前工作空间中的变量	helpwin	运行帮助窗口
whos	列出当前工作空间中变量的更多信息	helpdesk	运行 HTML 格式帮助面板
what	列出当前目录或指定目录下的 M 文件、MAT 文件和 MEX 文件	doc	在网络浏览器中显示指定内容的 HTML 格式帮助文件，或启动 helpdesk

第 3 章 MATLAB优化工具箱及优化计算

3.1 MATLAB 优化工具箱

MATLAB 优化工具箱（Optimization Toolbox）中包含有一系列优化算法和模块，可以用于求解线性规划和二次规划、函数的最大和最小值、非线性规划、多目标优化、非线性最小二乘逼近和曲线拟合、非线性系统方程和复杂结构的大规模优化问题。常用的优化功能函数有：

1）求解线性规划问题的主要函数是 linprog。

2）求解二次规划问题的主要函数是 quadprog。

3）求解无约束非线性规划问题的主要函数是 fminbnd、fminunc 和 fminsearch。

4）求解约束非线性规划问题的主要函数是 fmincon。

5）求解多目标优化问题的主要函数是 fgoalattain 和 fminimax。

使用 MATLAB 优化工具箱函数处理优化设计问题的分析和计算的一般步骤如下：

1）针对具体工程问题建立优化设计的数学模型（其中，不等式约束条件表示成 $g(X)\leqslant 0$的形式）。

2）分析数学模型中的目标函数，并建立相应的目标函数文件（包括计算目标函数必需的输入参数、描述目标函数表达式等内容），以自定义的目标函数文件名将它存储在工作间中。

3）分析数学模型中的约束条件，并建立相应的约束函数文件（包括计算约束函数必需的输入参数、描述约束函数表达式等内容），以自定义的约束函数文件名将它存储在工作间中。

4）分析优化设计的数学模型，选择适用的优化工具函数，并建立调用优化工具函数的命令文件（内容包括输入初始点，建立设计变量的边界约束条件，使用优化工具函数调用目标函数文件和约束函数文件的语句，以及运算结果输出等内容），将优化工具函数作为“黑箱”调用，以自定义的约束函数文件名将它存储在工作间中。

将优化设计的命令文件复制到 MATLAB 命令行窗口的运算提示符“>>”后面运行，如果编制的目标函数文件、约束函数文件和命令文件存在错误，MATLAB 就会给出错误的类型和在 M 文件中的位置，方便用户对错误进行定位和检查。如果 M 文件没有错误（包括逻辑错误和语法错误），命令行窗口就会显示出运算信息，获得与所有条件都相容的优化结果。

3.2 线性规划问题

线性规划（Linear Programming）是数学规划中最简单和最基本的问题，它主要用来解决在有限的资源条件下完成最多的任务，或是确定如何统筹任务完成以使用最少的资源。

线性规划的数学模型包括决策变量、约束条件和目标函数三个要素，它的决策变量是非负的，而且约束函数和目标函数都是线性函数。

用于求解线性规划的 MATLAB 函数是 linprog，线性规划的数学模型表示为

$$\left.\begin{array}{ll} & \min f^{T}X \\ \text{s.t.} & AX \leqslant b\ \text{（线性不等式约束条件）} \\ & AeqX = beq\ \text{（线性等式约束条件）} \\ & lb \leqslant X \leqslant ub\ \text{（边界约束条件）} \end{array}\right\}$$

函数 linprog 的使用格式为

［xopt，fopt］=linprog（f，A，b，Aeq，beq，lb，ub，x0，options）

其中，输出参数有：

xopt 和 fopt 分别是返回目标函数的最优解及其函数值。

输入参数有：

f 是目标函数各维变量的系数矢量；

A 和 b 分别是不等式约束函数的系数矩阵和常数矢量；

Aeq 和 beq 分别是等式约束函数的系数矩阵和常数矢量；

lb 和 ub 分别是设计变量的下限和上限；

x0 是初始值；

options 是设置优化选项参数。

例 3-1 生产规划问题：某工厂利用 a、b、c 三种原料生产 A、B、C 三种产品，已知生产每种产品在消耗原料方面的各项指标和单位产品的利润，以及可利用的各种原料的数量（具体数据见表 3-1），试制订适当的生产规划使得该工厂的总利润最大。

表 3-1 原料及其消耗情况

产品 / 原料	生产每单位产品的消耗情况/(kg/单位)			现有原料数量/kg
	A	B	C	
a	3	4	2	600
b	2	1	2	400
c	1	3	2	800
单位产品利润/万元	2	4	3	合计 1800

解：1）确定决策变量。设生产 A、B、C 三种产品的数量分别是 x_1，x_2，x_3，因而有三维非负的决策变量 $\boldsymbol{X}=(x_1,x_2,x_3)^T$。

2）建立目标函数。根据三种单位产品的利润情况，按照实现总的利润最大化，建立关

于决策变量的函数。

$$\max f(\boldsymbol{X})=2x_1+4x_2+3x_3 \text{ 或 } \min f(\boldsymbol{X})=-2x_1-4x_2-3x_3$$

3）确定约束条件。根据三种资源数量的限制，建立三个线性不等式约束条件

$$\left.\begin{aligned}3x_1+4x_2+2x_3\leqslant 600\\2x_1+x_2+2x_3\leqslant 400\\x_1+3x_2+2x_3\leqslant 800\end{aligned}\right\}$$

因此，该线性规划的数学模型是

$$\left.\begin{aligned}&\min f(\boldsymbol{X})=-2x_1-4x_2-3x_3\\&\text{s.t.}\quad 3x_1+4x_2+2x_3\leqslant 600\\&2x_1+x_2+2x_3\leqslant 400\\&x_1+3x_2+2x_3\leqslant 800\\&x_1,x_2,x_3\geqslant 0\end{aligned}\right\}$$

4）编制线性规划计算的 M 文件。

```
% 线性规划(生产规划问题)
f=[-2,-4,-3]';                            % 各维变量的系数矢量
A=[3,4,2;2,1,2;1,3,2];                    % 不等式约束函数的系数矩阵
b=[600;400;800];                          % 不等式约束函数的常数矢量
Aeq=[  ];beq=[  ];                        % 没有等式约束
lb=zeros(3,1);                            % 设计变量的下限
[xopt,fopt]=linprog(f,A,b,Aeq,beq,lb)     % 调用线性规划函数程序运行结果
```

M 文件的运行结果为：

```
Optimization terminated successfully.
xopt=
    0.0000
  66.6667
  166.6667
fopt=
-766.6667
```

经检验，约束最优解 X＊位于第 1 个和第 2 个不等式约束的交集上。

该生产任务的规划是：根据实际生产取整数，在满足现有原料数量限制的条件下，安排生产 *B* 产品 66 单位、*C* 产品 166 单位，可以获得的最大利润为 762 万元。实际消耗的原料是：*a* 种原料 596kg，*b* 种原料 398kg，*c* 种原料 530kg。

3.3　二次规划问题

二次规划问题（Quadratic Programming）是最简单的非线性规划问题，其目标函数是二次函数，而约束函数是线性函数。由于二次规划问题的求解比较成熟，有时可以将一些求解比较困难的一般非线性约束规划问题转化为较易处理的序列二次规划子问题求解。

用于求解二次规划问题的 MATLAB 函数是 quadprog，线性规划的数学模型表示为

$$\left.\begin{aligned} &\min f(X)=1/2X^{T}HX+C^{T}X \\ &\text{s. t.} \quad AX\leqslant b(\text{线性不等式约束条件}) \\ &\quad Aeq X=beq(\text{线性等式约束条件}) \\ &\quad lb\leqslant X\leqslant ub(\text{边界约束条件}) \end{aligned}\right\}$$

使用格式为

[xopt, fopt]=quadprog(H, C, A, b, Aeq, beq, lb, ub, x0, options)

其中，输出参数有：

xopt 和 fopt 分别是返回目标函数的最优解及其函数值。

输入参数有：

H 是目标函数的海赛矩阵；

C 是目标函数设计变量一次项的系数矢量；

A 和 b 分别是不等式约束函数的系数矩阵和常数矢量；

Aeq 和 beq 分别是等式约束函数的系数矩阵和常数矢量；

lb 和 ub 分别是设计变量的下限和上限；

x0 是初始值；

options 是设置优化选项参数。

例 3-2 求解约束优化问题。

$$\left.\begin{aligned} &f(\boldsymbol{X})=2x_1^2+2x_2^2+x_3^2-2x_1x_2+x_3 \\ &\text{s. t.}\ g(\boldsymbol{X})=x_1+3x_2+2x_3\leqslant 6 \\ &h(\boldsymbol{X})=2x_1-x_2+x_3=4 \\ &x_1,x_2,x_3\geqslant 0 \end{aligned}\right\}$$

解： 1）将目标函数写成二次函数的形式 $f(\boldsymbol{X})=1/2\boldsymbol{X}^{T}\boldsymbol{H}\boldsymbol{X}+\boldsymbol{C}^{T}\boldsymbol{X}$，其中

$$\boldsymbol{X}=\begin{pmatrix}x_1\\x_2\\x_3\end{pmatrix} \qquad \boldsymbol{C}=\begin{pmatrix}0\\0\\1\end{pmatrix}$$

线性不等式约束函数的系数矩阵和常数矢量为

$$\boldsymbol{A}=(1,\ 3,\ 2) \qquad \boldsymbol{b}=(6)$$

线性等式约束函数的系数矩阵和常数矢量为

$$\mathbf{Aeq}=(2,\ -1,\ 1),\mathbf{beq}=(4)$$

2）编制求解二次规划的 M 文件。

```
% 求解二次规划问题
H=[2,-2,0;-2,3,0;0,0,2];                    % 目标函数的海赛矩阵
C=[0,0,1];                                  % 各维变量的系数矢量
A=[1,3,2];                                  % 不等式约束函数的系数矩阵
b=[6];                                      % 不等式约束函数的常数矢量
Aeq=[2,-1,1];                               % 等式约束函数的系数矩阵
beq=[4];                                    % 等式约束函数的常数矢量
```

```
lb=zeros(3,1);                                    % 设计变量的下限
[xopt,fopt]=quadprog(H,C,A,b,Aeq,beq,lb)         % 调用线性规划函数
% 最优点的约束函数值
g=A* xopt-b                                       % 不等式约束
h=Aeq* xopt-beq                                   % 等式约束
```

M 文件的运行结果为：

```
Optimization terminated successfully.
xopt=
    2.4783
    1.0870
    0.1304
fopt=2.6739
g=8.8818e-016
h=-4.4409e-016
```

可见，二次规划的约束最优解 $\boldsymbol{X}^*$ 位于不等式约束 $g(\boldsymbol{X})\leqslant 0$ 和等式约束 $h(\boldsymbol{X})=0$ 的交集上。

3.4　约束非线性规划问题

求解的数学模型为

$$\begin{cases}\min f(\boldsymbol{x})\cdots\cdots\text{目标函数(多变量)}\\ \begin{cases}c(\boldsymbol{x})\leqslant 0\cdots\cdots\text{非线性不等式约束}\\ ceq(\boldsymbol{x})=0\cdots\cdots\text{非线性等式约束}\end{cases}\\ \begin{cases}\boldsymbol{Ax}=\boldsymbol{b}\cdots\cdots\text{线性不等式约束}\\ \mathrm{Aeq}\boldsymbol{x}=\mathrm{beq}\cdots\cdots\text{线性等式约束}\end{cases}\\ \boldsymbol{lb}\leqslant\boldsymbol{x}\leqslant\boldsymbol{ub}\cdots\cdots\text{设计变量上/下限}\end{cases}$$

求解时所调用的函数是：fmincon。

调用格式

[输出列表]=fmincon（输入列表）

输入列表为：fun，x0，A，b，Aeq，beq，lb，ub，nonlcon

说明：

① fun——目标函数的 M 文件，需自编。

② x0——初始点矢量，调用前给定。

③ A，b，Aeq，beq，lb，ub——矩阵或矢量，调用前应给定，如某一项没有，则在输入列表中设置为 [ ]。

④ nonlcon——非线性约束的 M 文件，需自编。

输出列表为：x，fval，exitflag，output，lambda，grad，hessian

可只列出 x，fval

说明：

① x——输出变量的解。

② fval——解 x 处的目标函数值。

③ exitflag——退出条件。

④ output——包括优化结果信息的输出结构。

⑤ lambda——x 处的拉格朗日乘子。

⑥ grad——x 处的梯度。

⑦ hessian——x 处的海赛矩阵。

例 3-3 求解约束非线性规划问题。

$$\left.\begin{aligned}&\min f(\boldsymbol{x})=4x_1-x_2^2-12\\&\text{s.t. } g_1(\boldsymbol{x})=34-10x_1-10x_2+x_1^2+x_2^2\leqslant 0\\&g_2(\boldsymbol{x})=-x_1\leqslant 0\\&g_3(\boldsymbol{x})=-x_2\leqslant 0\\&h_1(\boldsymbol{x})=x_1^2+x_2^2-25=0\end{aligned}\right\}$$

解： 首先应编写目标函数和非线性约束函数的 M 文件。

注意：不等式约束应按"≤0"编写。

1）目标函数的 M 文件，内容为

```
functionf=a(x)
f=4* x(1)-x(2)^2-12
```

将其保存在 opt. m 中。

说明:该函数名为 opt,调用时调用的就是 opt。

2)非线性约束函数的 M 文件,内容为

```
function[c,ceq] =b(x)      % b 为任意变量符号,其他不能改变
c=34-10* x(1)-10* x(2)+x(1)^2+x(2)^2
ceq=x(1)^2+x(2)^2-25
```

说明:不等式非线性约束函数用 c 表达,多个时用 $\begin{cases}c(1)=\cdots\\c(2)=\cdots\\\vdots\end{cases}$

等式非线性约束函数用 ceq 表达,多个时用 $\begin{cases}ceq(1)=\cdots\\ceq(2)=\cdots\\\vdots\end{cases}$,将其保存在 con1. m 文件中。

注意:前两个文件应放置在 MATLAB 的搜索路径下,且在当前路径窗口中应显示为当前文件才可运行。

3)线性不等式约束的处理。调用优化函数前,应使线性不等式约束(等式约束、上下限同)的系数矩阵 A 和自由项列阵 b 的值已存在于内存中,其处理过程如下:

在命令行窗口中:

```
>>A=[-1  0
  0  -1];↙
>>b=[0;0];↙
```

以上为两线性不等式约束的系数矩阵及自由项。

此外，输入列表中的其他矩阵或矢量也应如此输入。

再输入初始点：

```
>>x0=[3.0;3.0];↙
```

调用优化函数：

```
>>[x,fval,exitflag]=fmincon(@ opt,x0,A,b,[ ],[ ],[ ],[ ],@con1)
```

结果：

```
Optimization terminated:
x=
        1.0013
        4.8987
fval=
        -31.9923
exitflag=
        1
```

欲计算最优点的目标函数值或约束函数值，可在命令行窗口：

```
>>opt(x)↙
  y=-31.9923
>>con1(x)↙
  c=
    2.7001e-013
  ceq=
    3.6238e-013
  ans=
    2.7001e-013
>>
```

按前述过程在命令行窗口先输入：A，b，Aeq，beq，lb，ub，x0，如反复调用，反复输入太麻烦，可将数据输入在一个脚本式 M 文件中，运行优化函数前，先运行该脚本式文件，将已知数据放入内存中即可。

编写一个脚本式文件，如 mmm.m，内容为

```
A=[-1 0
    0-1]          }
b=[0;0]           } 实际赋值语句
x0=[3.0;3.0]      }
```

在命令行窗口输入：

```
>>mmm↙
```

即将 A，b，x0 提入内存，再调用优化函数。

还可按如下步骤操作：

第 1 步：用 save 命令保存。

① 用 save 命令将 MATLAB 工作区中的变量存储于当前目录下的 matlab. mat 文件中，其中保留了变量名及其值（二进制的本机文件，不可查看）。

```
>>save↙
```

② 也可保存特定的变量，如：

>>save 文件名　变量名

将变量名中的变量及值保存在“文件名 . mat”的文件中。

如在上例完成后：

```
>>save cmy  a  b  x0  x  fval↙
```

即将初始数据 a、b、x0 及结果 x、fval 保存在 cmy. mat 文件中。

第 2 步：调用。

```
>>load↙
```

或>>load cmy↙

即将文件中的数据导入内存，同时在工作间窗口中出现。

第 4 章 典型机械零件的优化设计

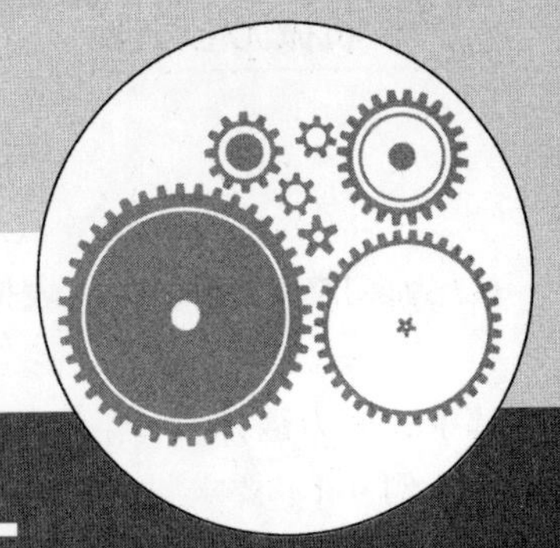

4.1 滚子链传动优化设计

套筒滚子链是一种以链条作为中间挠性件的啮合传动，它的结构简单，磨损较轻，应用较广，一般用于两轴相距较远的传动场合。

链传动设计的通常已知条件为：传动的用途和工作情况，原动机类型，传递的功率 P，主动轮转速 n_1，传动比 i，以及外廓安装尺寸等。设计计算的内容为：确定滚子链的型号、链节距 p、链节数 L_p 和链排数 m，选择链轮的齿数 z_1、材料和结构，绘制链轮工作图，并确定链传动的中心距。滚子链传动的优化设计是在充分发挥其最大传递功率的基础上，按照已知条件确定最优的传动参数。

对于链速 $v \geqslant 0.6\text{m/s}$ 且润滑良好的链传动，主要依据特定条件下的滚子链功率线图进行设计计算。基本设计公式是

$$P_0 \geqslant \frac{K_A P}{K_z K_a K_i K_m} \tag{4-1}$$

式中，K_A 为工作情况系数；P_0 为特定条件下单排滚子链额定功率，将滚子链极限功率线图拟合为公式

$$P_0 = 0.003 z_1^{1.08} n_1^{0.9} \left(\frac{P}{25.4}\right)^{(3-0.028p)} \tag{4-2}$$

式中，P 为链传动的名义功率（kW）；K_z 为小链轮齿数系数，当链速 $v \geqslant 0.6\text{m/s}$ 时，链传动主要失效形式之一是链板疲劳，K_z 按照下式计算

$$K_z = \left(\frac{z_1}{19}\right)^{1.08} \tag{4-3}$$

K_a 为中心距系数，将数表拟合为公式

$$K_a = 0.71332 + 0.0085 L_a - \frac{L_a^2}{30000} \tag{4-4}$$

$L_a = \dfrac{a}{p}$ 为链传动中心距与链节距的比；K_i 为传动比系数，将数表拟合为公式

$$K_i=\begin{cases}0.685+0.15i(1-0.1i)\ (i\leqslant 3)\\0.94+0.005i(1+i)\quad (i>3)\end{cases}\tag{4-5}$$

K_m 为多排链系数，将数表拟合为公式

$$K_m=m^{0.84}\tag{4-6}$$

其中，m 为链排数。

例 4-1 要求设计一电动机到空气压缩机的套筒滚子链传动，已知电动机转速 $n_1=970\ \mathrm{r/min}$，空气压缩机转速 $n_2=330\mathrm{r/min}$，传动功率 $P=10\mathrm{kW}$。欲使链节距 $p\leqslant 12.7\mathrm{mm}$，传动中心距 $a\leqslant 60p$，小链轮齿数 $19\leqslant z_1\leqslant 23$。试按照充分发挥其最大传递能力设计此链传动。

解： 1）建立数学模型。选择设计变量。链轮的齿数 z_1、链节距 p、中心距链节数 L_a 和链排数 m 作为设计变量。

$$\boldsymbol{X}=\begin{pmatrix}x_1\\x_2\\x_3\\x_4\end{pmatrix}=\begin{pmatrix}z_1\\p\\L_a\\m\end{pmatrix}$$

2）目标函数。在已知条件下，为了充分发挥链传动的最大传递能力，取多排链传递的功率达到最大作为设计目标，依据式（4-1）建立目标函数如下

$$\min f(\boldsymbol{X})=-\frac{K_A P}{P_0 K_z K_a K_i K_m}$$

式中，按照有关资料选取工作情况系数 $K_A=1.3$；按照已知条件，传递功率 $P=10\mathrm{kW}$；依据式（4-2），特定条件下单排滚子链额定功率 P_0 为

$$P_0=0.003z_1^{1.08}n_1^{0.9}\left(\frac{p}{25.4}\right)^{(3-0.028p)}=0.003x_1^{1.08}970^{0.9}\left(\frac{x_2}{25.4}\right)^{(3-0.0028x_2)}$$

$$=1.4629x_1^{1.08}\left(\frac{x_2}{25.4}\right)^{(3-0.0028x_2)}$$

估计链速 $v\geqslant 0.6\mathrm{m/s}$ 时，链传动是链板疲劳失效，依据式（4-3）得到小链轮齿数系数

$$K_z=\left(\frac{z_1}{19}\right)^{1.08}=\left(\frac{x_1}{19}\right)^{1.08}$$

依据式（4-4），中心距系数 K_a 为

$$K_a=0.71332+0.0085L_a-\frac{L_a^2}{30000}=0.71332+0.0085x_3-\frac{x_3^2}{30000}$$

由传动比 $i=\dfrac{n_1}{n_2}=\dfrac{970}{330}=2.94<3$，依据式（4-5）得到传动比系数为

$$K_i=0.685+0.15\times 2.94(1-0.1\times 2.94)=0.996346$$

依据式（4-6），多排链系数 K_m 为

$$K_m=m^{0.84}=x_4^{0.84}$$

3）约束条件。

① 小链轮齿数的限制条件 $19\leqslant z_1\leqslant 23$，得到

$$g_1(\boldsymbol{X})=x_1-19\geqslant 0$$

$$g_2(\boldsymbol{X})=23-x_1\geqslant 0$$

② 链节距的限制条件 $9.5\text{mm}\leqslant p\leqslant 12.7\text{mm}$，得到

$$g_3(\boldsymbol{X})=x_2-9.5\geqslant 0$$

$$g_4(\boldsymbol{X})=12.7-x_2\geqslant 0$$

③ 传动中心距的限制条件 $50p\leqslant a\leqslant 60p$，得到

$$g_5(\boldsymbol{X})=x_3-50\geqslant 0$$

$$g_6(\boldsymbol{X})=60-x_3\geqslant 0$$

④ 链速的限制条件 $0.6\text{m/s}\leqslant v\leqslant 15\text{m/s}$，由链条速度 $v=\dfrac{z_1pn_1}{60\times 1000}$，得到

$$g_7(\boldsymbol{X})=x_1x_2-37.1134\geqslant 0$$

$$g_8(\boldsymbol{X})=927.835-x_1x_2\geqslant 0$$

这是一个具有 8 个不等式约束条件的四维非线性优化问题。

4）优化方法与计算结果。采用内点惩罚函数法，在可行域内取初始点

$$\boldsymbol{X}^{(0)}=\begin{pmatrix}x_1\\x_2\\x_3\\x_4\end{pmatrix}=\begin{pmatrix}z_1\\p\\L_a\\m\end{pmatrix}=\begin{pmatrix}22\\11\\55\\3\end{pmatrix}$$

初始惩罚因子 $r^{(1)}=1$，惩罚因子递减系数 $e=0.1$。无约束优化方法调用鲍威尔法，一维搜索精度 $\varepsilon_1=0.0001$，目标函数值收敛精度 $\varepsilon_2=0.01$，设计变量各分量收敛精度 $\varepsilon_3=0.1$。经过迭代计算，求出离散最优解

$$\boldsymbol{X}^*=\begin{pmatrix}x_1^*\\x_2^*\\x_3^*\\x_4^*\end{pmatrix}=\begin{pmatrix}z_1\\p\\L_a\\m\end{pmatrix}=\begin{pmatrix}22.993001387\\12.68911887\\59.97274884\\1.90576238\end{pmatrix}$$

按照标准规范进行凑整，得到可行凑整解：小链轮齿数 $z_1=23$，链节距 $p=12.7\text{mm}$，中心距 $a=L_ap=60p=762\text{mm}$，链排数 $m=2$。

根据转速比公式计算大链轮齿数 $z_2=z_1\dfrac{n_1}{n_2}=23\times\dfrac{970}{330}=67.6$，取 $z_2=68$。

根据链节数 L_p 与中心距链节数 L_a 的关系式

$$L_p=\frac{z_1(1+i)}{2}+2L_a+\frac{z_1^2(i-1)^2}{4\pi^2L_a}\tag{4-7}$$

代入有关数据得到

$$L_p=\frac{23\times(1+68/23)}{2}+2\times 60+\frac{23^2\times(68/23-1)^2}{4\pi^2\times 60}=166.4$$

取链节数 $L_p=166$。

优化设计凑整解与常规设计结果相比，链轮齿数和链节距保持不变，虽然链节数增加了 5 节，但是链排数减少了一排，并且链传动实际传递功率富裕量有很大的下降。因此，在满

足工作要求的条件下，优化设计充分发挥了链传动能力，减轻了链传动的结构重量。

4.2 蜗杆传动优化设计

在蜗杆传动中，通常采用淬硬磨削的钢制蜗杆，而采用贵重的青铜等材料制造蜗轮齿圈，以使传动副具有良好的减摩性、耐磨性和抗胶合能力。为了节省较贵重的非铁金属，降低成本，在蜗杆传动的优化设计中，应该以蜗轮非铁金属齿圈体积最小作为设计目标。

1. 目标函数和设计变量

如图 4-1 所示，蜗轮齿圈的结构尺寸包括：齿顶圆直径 d_a、齿根圆直径 d_f、齿圈的外径 d_e、内径 d_0和齿宽 b。

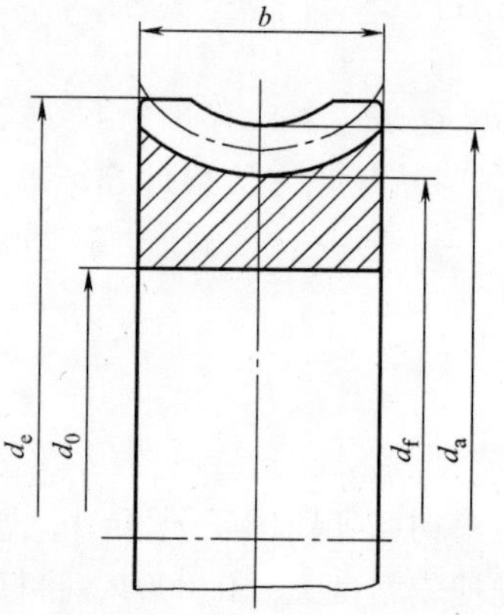

蜗轮齿圈体积为

$$V=\frac{\pi b(d_e^2-d_0^2)}{4} \tag{4-8}$$

式中：

$$d_e=d_a+\frac{6m}{z_1+2}=mz_2+2m+\frac{6m}{z_1+2}$$

$$d_0=d_f-2m=mz_2-6.4m$$

图 4-1 蜗轮齿圈结构

蜗轮齿数为

$$z_2=uz_1 \tag{4-9}$$

式中，u 为齿数比；z_1为蜗杆头数。

蜗轮齿宽为

$$b=\psi d_{a1}=\psi m(q+2) \tag{4-10}$$

式中，q 为直径系数；ψ 为齿宽系数，当 $z_1=1\sim2$ 时，$\psi=0.75$；当 $z_1=3\sim4$ 时，$\psi=0.67$。

将上述关系代入蜗轮齿圈的体积计算式中，经整理得到目标函数

$$f(\boldsymbol{X})=V=\frac{\pi b(d_e^2-d_0^2)}{4}=\frac{\pi\psi m^2(q+2)}{4}\left[\left(uz_1+2+\frac{6}{z_1+2}\right)^2-(uz_1-6.4)^2\right] \tag{4-11}$$

从上式可见，蜗轮齿圈的体积是蜗杆头数 z_1、模数 m、直径系数 q 和齿数比 u 的函数。由于齿数比 u 一般是已知量，因此取蜗杆头数、模数和直径系数作为设计变量，即

$$\boldsymbol{X}=\begin{pmatrix}x_1\\x_2\\x_3\end{pmatrix}=\begin{pmatrix}z_1\\m\\q\end{pmatrix}$$

因此，目标函数可以写成

$$f(\boldsymbol{X})=\frac{\pi\psi x_2^3(x_3+2)}{4}=\left[\left(ux_1+2+\frac{6}{x_1+2}\right)^2-(ux_1-6.4)^2\right] \tag{4-12}$$

2. 约束条件

1）蜗杆头数的限制。对于动力传动，要求 $z_1=2\sim4$。因此有

$$g_1(\boldsymbol{X})=4-x_1\geqslant0$$

$$g_2(\boldsymbol{X})=x_1-2\geqslant0$$

2）蜗轮齿数的限制。一般要求 $z_2=uz_1=30\sim80$。因此有

$$g_3(\boldsymbol{X})=80-ux_1\geqslant0$$

$$g_4(\boldsymbol{X})=ux_1-30\geqslant0$$

3）模数的限制。对于小功率的蜗杆动力传动，要求 $2\leqslant m\leqslant18$。因此有

$$g_5(\boldsymbol{X})=18-x_2\geqslant0$$

$$g_6(\boldsymbol{X})=x_2-2\geqslant0$$

4）蜗杆直径系数的限制。对应上述模数的范围，要求 $8\leqslant q\leqslant16$。因此有

$$g_7(\boldsymbol{X})=16-x_3\geqslant0$$

$$g_8(\boldsymbol{X})=x_3-8\geqslant0$$

5）蜗轮齿面接触强度的限制。根据蜗轮齿面接触强度条件

$$m^3q\geqslant KT_2\left(\frac{500}{z_2[\sigma_{\mathrm{H}}]}\right)^2 \tag{4-13}$$

式中，K 为载荷系数；T_2为蜗轮传递的转矩；$[\sigma_{\mathrm{H}}]$ 为蜗轮齿圈材料的许用接触应力。得到

$$g_9(\boldsymbol{X})=x_2^3x_3-KT_2\left(\frac{500}{ux_1[\sigma_{\mathrm{H}}]}\right)^2\geqslant0$$

6）蜗轮齿根抗弯强度的限制。由于蜗轮轮齿的齿根是圆弧形，抗弯能力较强，很少发生蜗轮轮齿折断。所以，对于闭式蜗杆传动，通常不再进行蜗轮齿根抗弯强度计算。

7）蜗杆刚度的限制，蜗杆的最大挠度不大于 $m/50$，即

$$y=\frac{\sqrt{F_{\mathrm{t1}}^2+F_{\mathrm{r1}}^2}}{48EJ}L\leqslant\frac{m}{50} \tag{4-14}$$

式中，蜗杆支承跨度 $L=0.9d_2=0.9muz_1$；惯性矩 $J=\frac{\pi}{64}d_{\mathrm{f1}}^4=\frac{\pi}{64}m^4\ (q-2.4)^4$；蜗杆圆周力 $F_{\mathrm{t1}}=\frac{2T_1}{d_1}=\frac{2T_2}{umq\eta}$；径向力 $F_{\mathrm{r1}}=\frac{2T_2\tan20^\circ}{uz_1m}$；弹性模量 $E=2.1\times10^5\mathrm{MPa}$（钢）。

将上述关系代入式（4-14）整理得到

$$g_{10}(\boldsymbol{X})=5498x_2^5(x_3-2.4)^4-T_2\sqrt{\left(\frac{x_1}{x_3\eta}\right)^2+\tan^2 20^\circ}\geqslant0$$

上述优化设计数学模型的约束条件中共有 8 个边界约束和 2 个性能约束。

例 4-2　已知某普通圆柱蜗杆传动的输出轴转矩 $T_2=546550\mathrm{N\cdot mm}$，工作平稳（载荷系数 $K=1.1$），齿数比 $u=26.39$，蜗轮齿圈材料为 ZQSn10-1，许用接触应力 $[\sigma_{\mathrm{H}}]=180\mathrm{MPa}$，传动效率 $\eta=0.85$。试按照蜗轮齿圈体积最小的要求进行优化设计。

解： 1）建立优化设计的数学模型。将已知数据代入式（4-12）中，整理得到

$$
\left.\begin{aligned}
&\min f(\boldsymbol{X})=0.589x_2^3(x_3+2)\left[\left(26.39x_1+2+\frac{6}{x_1+2}\right)^2-(26.39x_1-6.4)^2\right]\\
&\text{s.t.}\quad g_1(\boldsymbol{X})=4-x_1\geqslant 0\\
&\qquad g_2(\boldsymbol{X})=x_1-2\geqslant 0\\
&\qquad g_3(\boldsymbol{X})=80-26.39x_1\geqslant 0\\
&\qquad g_4(\boldsymbol{X})=26.39x_1-30\geqslant 0\\
&\qquad g_5(\boldsymbol{X})=18-x_2\geqslant 0\\
&\qquad g_6(\boldsymbol{X})=x_2-2\geqslant 0\\
&\qquad g_7(\boldsymbol{X})=16-x_3\geqslant 0\\
&\qquad g_8(\boldsymbol{X})=x_3-8\geqslant 0\\
&\qquad g_9(\boldsymbol{X})=x_2^3x_3-\frac{6661}{x_1^2}\geqslant 0\\
&g_{10}(\boldsymbol{X})=5498x_2^5(x_3-2.4)^4-546550\times\sqrt{1.3841\times\left(\frac{x_1}{x_3}\right)^2+0.132474}\geqslant 0
\end{aligned}\right\}
$$

经过分析，约束条件 $g_1(\boldsymbol{X})\geqslant 0$ 相对 $g_3(\boldsymbol{X})\geqslant 0$ 来说是消极约束，约束条件 $g_4(\boldsymbol{X})\geqslant 0$ 相对 $g_2(\boldsymbol{X})\geqslant 0$ 来说也是消极约束。因此，可以将 $g_1(\boldsymbol{X})\geqslant 0$ 和 $g_4(\boldsymbol{X})\geqslant 0$ 这两个消极约束条件去掉。可见，这是一个三维有 8 个不等式约束的非线性优化设计问题。

2）优化方法与结果。采用 MATLAB 求解约束极小值的函数 fmincon。在主程序中输入有关数据：初始点 $\boldsymbol{X}^{(0)}=(2,\ 7,\ 10)^{\mathrm{T}}$、设计变量的边界条件、6 个线性不等式约束的设计变量系数矩阵和常数矢量，编制关于目标函数表达式的程序模块和两个非线性不等式约束（性能约束）函数表达式的程序模块。

调用函数 fmincon 进行迭代计算，得到

$$
\boldsymbol{X}^*=(x_1^*,x_2^*,x_3^*)^{\mathrm{T}}=(3.0315,3.5648,16.0000)^{\mathrm{T}}
$$

经检验，极小点为 $\boldsymbol{X}^*$，$f(\boldsymbol{X})=7.2238\times 10^5\text{mm}$，在 $g_7(\boldsymbol{X})=16-x_3\geqslant 0$、$g_3(\boldsymbol{X})=80-26.39x_1\geqslant 0$ 和 $g_9(\boldsymbol{X})=x_2^3x_3-\frac{6661}{x_1^2}\geqslant 0$ 的交集上。

对优化结果进行圆整，取离散最优解：蜗杆头数 $z_1=3$，模数 $m=4\text{mm}$，直径系数 $q=16$，则蜗轮齿圈体积 $V^*=1.0106\times 10^6\text{mm}^3$。经过检验，离散最优解在可行域内。

4.3 机床主轴结构优化设计

机床主轴是机床中的重要零件之一，一般是多支承的空心阶梯轴。为了便于对阶梯轴进行结构分析，常常将它简化为用当量直径表示的等截面轴。

图 4-2 所示机构为经过处理的专用机床双支承主轴的力学模型。从机床主轴制造成本较低和加工精度较高的要求出发，需要考虑主轴的自重和外伸段挠度这两个重要因素。对于专用机床来说，并不追求过高的加工精度。因此，应该选取自重的重量最轻为设计目标，将主轴的刚度作为约束条件。

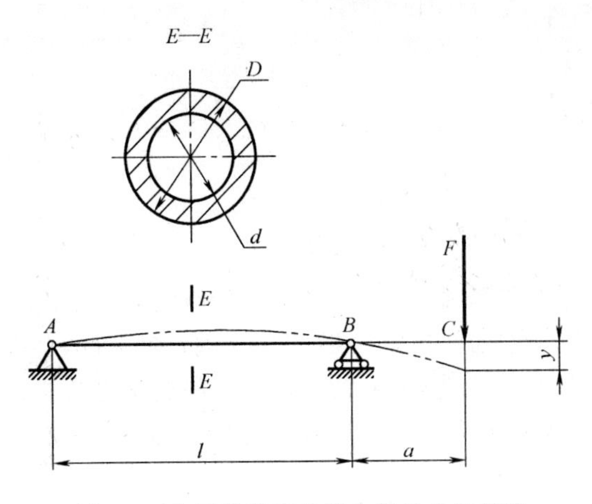

图 4-2　专用机床双支承主轴的力学模型

1. 设计变量和目标函数

当主轴的材料选定之后，与主轴重量设计方案有关的设计变量包括主轴的外径 D、孔径 d、两支承跨度 l 和外伸段长度 a，如图 4-2 所示。由于机床主轴的孔径主要取决于待加工棒料的直径，不能作为设计变量处理。因此，设计变量为

$$\boldsymbol{X}=\begin{pmatrix} x_1 \\ x_2 \\ x_3 \end{pmatrix}=\begin{pmatrix} l \\ D \\ a \end{pmatrix}$$

机床主轴重量最轻优化设计的目标函数为

$$f(\boldsymbol{X})=0.25\pi\rho(x_1+x_3)(x_2^2-d^2) \tag{4-15}$$

式中，ρ 为材料的密度，$\rho=7.8\times10^{-3}\text{g/mm}^3$（钢）。

2. 约束条件

机床的加工质量在很大程度上取决于主轴的刚度，主轴刚度是一个重要的性能指标。因此，要求主轴悬臂端挠度不超过给定的静变形 y_0。

根据材料力学可知，主轴悬臂端挠度

$$y=\frac{Fa^2(l+a)}{3EJ}=\frac{64Fx_3^2(x_1+x_3)}{3\pi E(x_2^4-d^4)} \tag{4-16}$$

式中，$J=\dfrac{\pi}{64}(D^4-d^4)$ 是空心主轴的惯性矩（mm^4）；$E=2.1\times10^4\text{MPa}$ 是主轴的弹性模量（钢）；F 为作用主轴外伸端的力（N）。

整理得到主轴刚度的约束条件

$$g_1(\boldsymbol{X})=y_0-\frac{64Fx_3^2(x_1+x_3)}{3\pi E(x_2^4-d^4)}\geqslant 0$$

应当指出，对于主轴这种重要的零件，除了刚度条件的性能要求外，还应该考虑强度条件的性能要求，即保证主轴内的最大工作应力不得超过许用应力。但是，由于已经对机床主轴有较高的刚度要求，当满足刚度要求的情况下，其强度应该足够富裕。因此，不需要再提

出主轴强度方面的约束条件。

3. 设计变量的边界条件

三个设计变量的边界约束条件为

$$l_{\min} \leqslant l \leqslant l_{\max}$$

$$D_{\min} \leqslant D \leqslant D_{\max}$$

$$a_{\min} \leqslant a \leqslant a_{\max}$$

例 4-3 已知某机床主轴悬臂端受到的切削力 $F=15000\text{N}$，主轴内径 $d=30\text{mm}$，悬臂端许用挠度 $y_0=0.05\text{mm}$。要求主轴两支承跨度 $300\text{mm} \leqslant l \leqslant 650\text{mm}$，外径 $60\text{mm} \leqslant D \leqslant 140\text{mm}$，外伸段长度 $90\text{mm} \leqslant a \leqslant 150\text{mm}$。试按照主轴体积最小的要求进行优化设计。

解： 1）建立优化设计的数学模型。将已知数据代入式（4-15）和式（4-16）中，整理得到

$$\left.\begin{aligned}
&f(\boldsymbol{X})=0.785398163(x_1+x_2)(x_2^2-d^2)\\
&\boldsymbol{X}=(x_1,x_2,x_3)^{\mathrm{T}}=(l,D,a)^{\mathrm{T}}\\
&\text{s.t.}\quad g_1(\boldsymbol{X})=1-97.00872722\times\frac{x_3^2(x_1+x_3)}{(x_2^4-30^4)}\geqslant 0\\
&g_2(\boldsymbol{X})=x_1/300-1\geqslant 0\\
&g_3(\boldsymbol{X})=x_2/60-1\geqslant 0\\
&g_4(\boldsymbol{X})=1-x_2/140\geqslant 0\\
&g_5(\boldsymbol{X})=x_3/90-1\geqslant 0
\end{aligned}\right\}$$

说明：

① 为了改善各约束函数值在数量级上的差异，对约束条件进行了规格化处理。

② 在设计变量的边界约束条件中没有考虑两支承跨度 l 和外伸段长度 a 的上限值，因为无论从减少主轴体积的设计目标，还是从减少主轴外伸段挠度的约束条件来看，都是要求 l 和 a 往小处变化。为了简化数学模型，在约束条件中不对它们的上限值进行限制。

可见，这是一个三维有 5 个不等式约束的非线性优化设计问题。

2）优化方法与结果。采用内点惩罚函数法求解，取初始惩罚因子 $r^{(1)}=2$，惩罚因子递减系数 $e=0.2$，收敛精度 $\varepsilon=10^{-5}$。

按照题目给定的设计变量边界条件，取可行域内的初始点 $\boldsymbol{X}^{(0)}=(480,100,120)^{\mathrm{T}}$，经过 17 次迭代计算，得到最优解

$$\boldsymbol{X}^*=(x_1^*,x_2^*,x_3^*)^{\mathrm{T}}=(300.036,75.244,90.001)^{\mathrm{T}}$$

$$f(\boldsymbol{X}^*)=1458659.848\text{mm}^3$$

当迭代收敛时，惩罚因子 $r^{(17)}=1.311\times10^{-11}$。可见，惩罚函数中的惩罚项实际上已经消失，所以惩罚函数值 φ（$\boldsymbol{X}^{(17)}$，$r^{(17)}$）已经非常逼近原目标函数的最优解 $f(\boldsymbol{X}^*)$。

经检验，最优点位于约束面（线）$g_1(\boldsymbol{X})\geqslant 0$、$g_2(\boldsymbol{X})\geqslant 0$ 和 $g_5(\boldsymbol{X})\geqslant 0$ 的交集上。

4.4 螺栓组连接的优化设计

螺栓作为一种机械静连接件，广泛地应用在各种机械设备、仪器仪表和日常器具中。螺

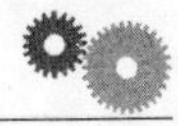

栓组连接的设计计算主要根据被连接机械设备的载荷大小、功能要求和结构特点，确定螺栓组的个数和布置方式。螺栓组连接的优化设计可以在保证机械设备的可靠性和提高寿命的前提下，达到降低成本的目的。

螺栓组的成本 C_n 取决于螺栓个数 n 和单价 C，即

$$C_n = nC$$

当螺栓的材料、长度和制造工艺等因素相同时，螺栓的单价 C 是其直径 d 的线性函数

$$C = k_1 d - k_2$$

其中，k_1 与 k_2 是与螺栓的材料和长度等因素有关的系数。选择常用的材料为35钢、长度50mm的六角头半精制螺栓，其单价 C 与直径 d 的线性函数关系如图4-3所示。将4-3的线性函数拟合为一维线性方程

$$C = 0.0205d - 0.1518 \tag{4-17}$$

例 4-4　有一个压力容器内部气体压强 $p = 12\text{MPa}$，容器内径 $D_1 = 500\text{mm}$，螺栓组中心圆直径 $D = 640\text{mm}$，用衬垫密封，如图4-4所示。试设计成本最低的螺栓组连接方案。

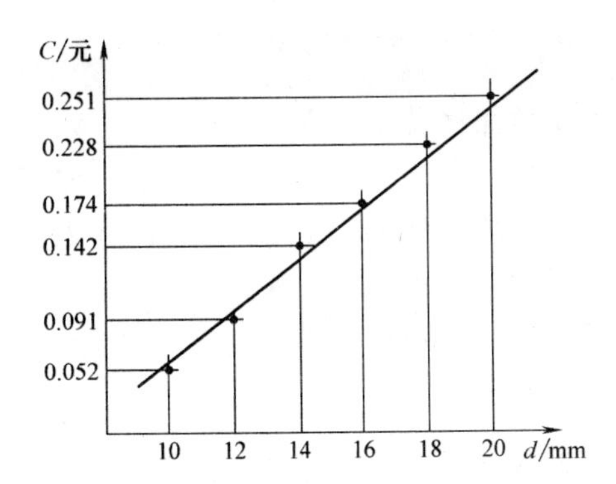

图 4-3　螺栓单价 C 与直径 d 的线性函数关系

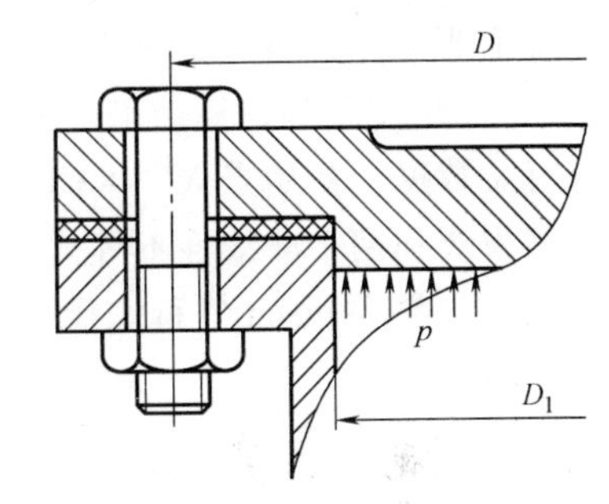

图 4-4　压力容器的螺栓连接

解： 1）建立数学模型。

① 由于螺栓组的成本取决于螺栓直径 d 和个数 n，因此取设计变量为

$$\boldsymbol{X} = \begin{pmatrix} x_1 \\ x_2 \end{pmatrix} = \begin{pmatrix} d \\ n \end{pmatrix}$$

② 建立螺栓组成本的目标函数

$$f(\boldsymbol{X}) = x_2(0.0205x_1 - 0.1518)$$

③ 螺栓组连接的约束条件要综合考虑容器的密封性、螺栓强度和扳手空间等要求。

为了保证螺栓之间的密封压力均匀，防止局部漏气，根据经验，螺栓的间距不能大于10d，即

$$\frac{\pi D}{n} \leqslant 10d$$

因此，得到约束条件

$$g_1(\boldsymbol{X}) = 10d - \frac{\pi D}{n} = 10x_1 - \frac{2010.6193}{x_2} \geqslant 0 \tag{4-18}$$

为了保证螺栓连接的装配工艺性，螺栓之间的间隔不能小于5d，即

$$\frac{\pi D}{n} \geqslant 5d$$

因此，得到约束条件

$$g_2(\boldsymbol{X}) = \frac{\pi D}{n} - 5d = \frac{2010.6193}{x_2} - 5x_1 \geqslant 0 \tag{4-19}$$

根据螺栓标准规范资料，经过非线性回归分析，得到在不预紧的条件下，螺栓的许用载荷［F］与直径 d 的函数关系是一个指数曲线方程，即

$$[F] = 7.06302d^{2.11354} \tag{4-20}$$

为了满足螺栓连接的强度条件，应使螺栓组的许用载荷不小于容器盖的总轴向载荷，即

$$n[F] \geqslant Kp\frac{\pi D_1^2}{4} \tag{4-21}$$

式中，K 为安全系数，取 $K=1.1$。

因此，得到约束条件

$$g_1(\boldsymbol{X}) = n[F] - Kp\frac{\pi D_1^2}{4} = 7.060302x_2x_1^{2.11354} - 2591814 \geqslant 0$$

综上所述，这是一个有 3 个不等式约束的二维非线性优化设计问题。

2）优化方法和计算结果。采用 MATLAB 求解约束极小值的函数 fmincon。在主程序中输入有关数据：初始点 $\boldsymbol{X}^{(0)} = (14,\ 14)^{\mathrm{T}}$ 和设计变量的边界条件，编制关于目标函数表达式的程序模块和两个非线性不等式约束（性能约束）函数表达式的程序模块。

调用函数 fmincon 进行迭代计算，通过选取几个不同的初始点，得到

$$\boldsymbol{X}^* = (x_1^*, x_2^*)^{\mathrm{T}} = (12.0000, 16.7552)^{\mathrm{T}}$$

$$f(\boldsymbol{X}^*) = 1.5783\ \text{元}$$

经检验，极小点 X^* 在螺栓连接密封性约束条件 $g(\boldsymbol{X}) \geqslant 0$ 的约束面上。

对优化结果进行圆整，取离散最优解：螺栓直径 $d=12\mathrm{mm}$，螺栓个数 $n=18$，则螺栓组的连接成本是 $C_{\mathrm{n}}^* = 1.70$ 元。经过检验，离散最优解在可行域内。

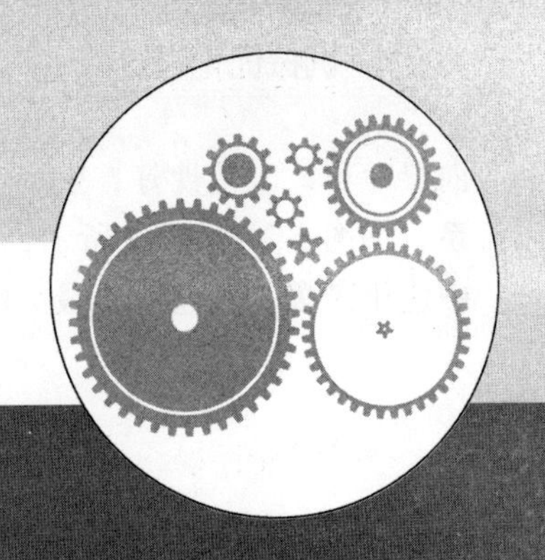

第 5 章 渐开线行星齿轮传动

5.1 渐开线行星齿轮传动的基本形式

渐开线行星齿轮传动包括三类构件，即太阳轮（K）、行星架（H）和行星轮（g）。任何行星传动都含有输入轴和输出轴，多数行星传动还含有辅助轴。其中，输入轴和输出轴通常与行星轮或行星架相固接，分别传递输入转矩和输出转矩。根据行星轮系的组成，渐开线行星传动的基本形式可分为 2K-H、3K 和 K-H-V 三种基本类型，其他结构形式的行星齿轮传动大都是它们的演化形式或组合形式。按传动机构中啮合方式，可将上述三种基本类型再细分为很多传动形式，如 NGW、NW、NN、NGWN 和 ZUWGW 型等，其中按首字汉语拼音，N 表示内啮合，W 表示外啮合，G 表示内外啮合公用行星轮，ZU 表示锥齿轮。

5.1.1 2K-H 型行星齿轮传动

如图 5-1 所示，行星齿轮传动由两个太阳轮（K）和一个行星架（H）所组成，所以称为 2K-H 行星齿轮传动。在 2K-H 传动中，若转臂 H 固定，太阳轮 a 和 b 的回转方向相反，则这种条件下的传动比 i_{ab}^{H}（右上角标 H 代表固定构件）规定为负号，即 $i_{ab}^{H}<0$，称为负号机构。若转臂 H 固定，太阳轮 a 和 b 的回转方向相同，这时的传动比规定为正号，即 $i_{ab}^{H}>0$，称为正号机构。2K-H 行星齿轮传动又可分为单排内外啮合（NGW）、双排内外啮合（NW）、双排外啮合（WW）和双排内啮合（NN）。

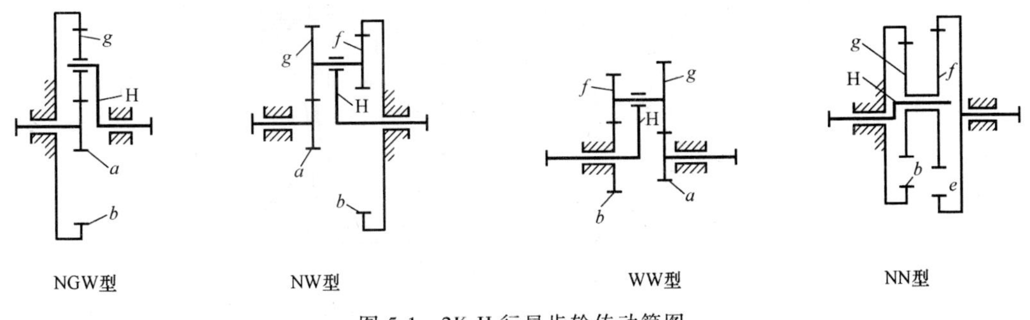

图 5-1　2K-H 行星齿轮传动简图

（1）NGW 型　该型由内外啮合和共用行星轮组成，如图 5-2 所示。它的结构简单，轴向尺寸小，工艺性好，效率高，然而传动比较小。单级 NGW 型能多级串联成传动比大的轮系，如图 5-3、图 5-4 所示，这样便克服了单级传动比较小的缺点，故 NGW 型称为动力传动中应用最多，传递功率最大的一种行星传动。

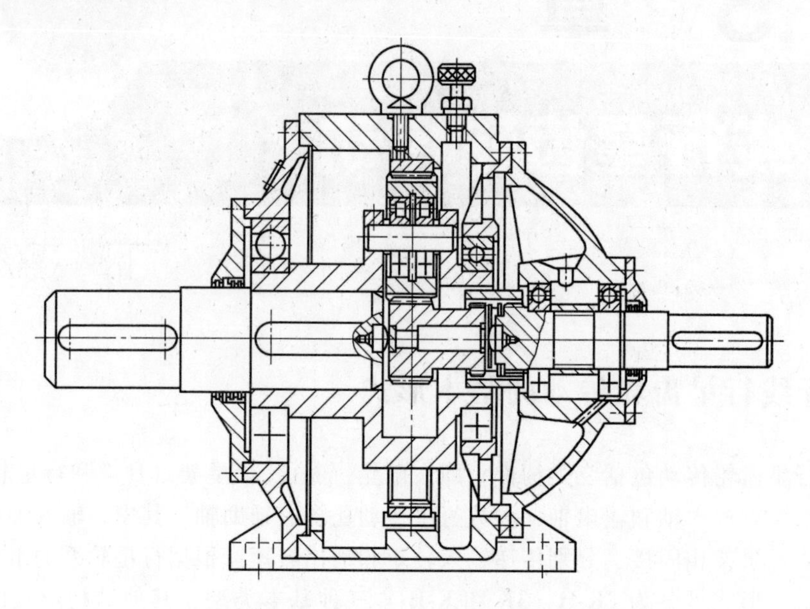

图 5-2 单级 NGW 型行星齿轮减速器

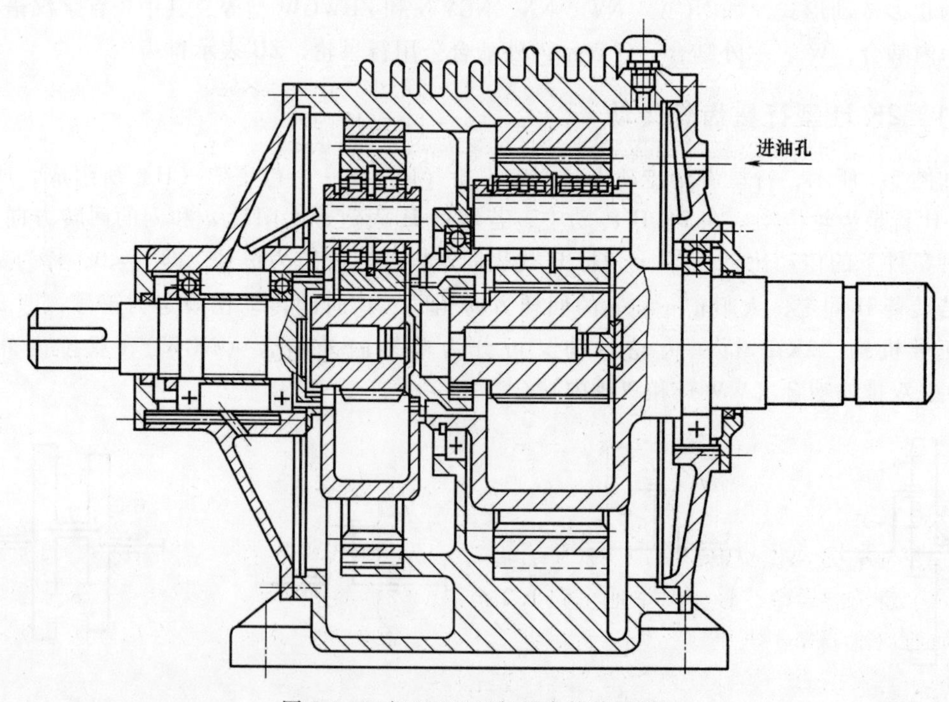

图 5-3 二级 NGW 型行星齿轮减速器

（2）NW 型　该型由一对内啮合和一对外啮合齿轮组成，如图 5-5 所示。由于把行星轮做成双联齿轮，使其为双排内外啮合而没有公用齿轮。与 NGW 型相比，NW 型传动比范围

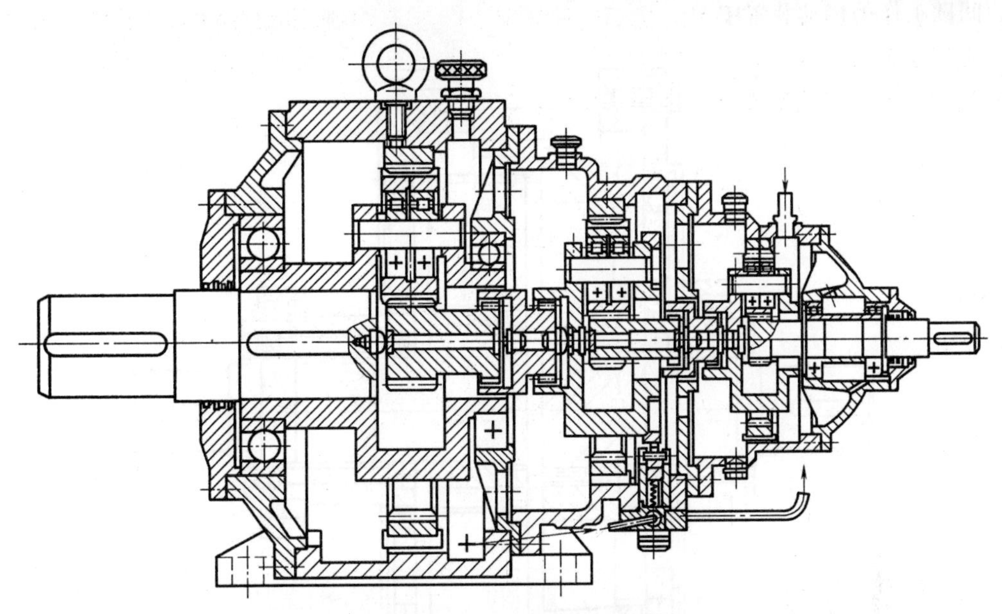

图 5-4　三级 NGW 型行星齿轮减速器

大，效率相仿，轴向尺寸大，结构较复杂，工艺性差一些，当传动比大于 7 时，径向尺寸显著减小。

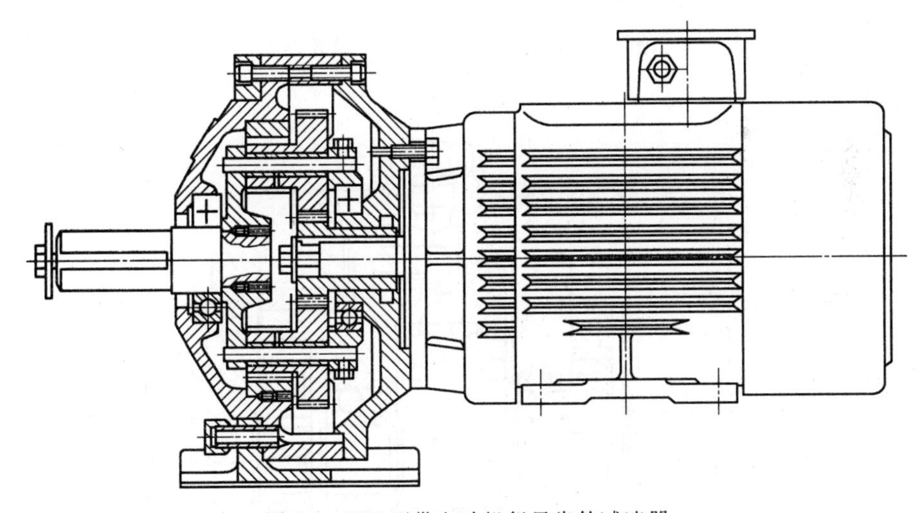

图 5-5　NW 型带电动机行星齿轮减速器

（3）WW 型　该型由双排两对外啮合齿轮组成，如图 5-6 所示。其突出的特点是能通过调整四个齿轮的齿数，轻而易举地得到 1.2 至数千范围的传动比。但效率低，并且随着传动比增加而急剧下降，当传动比大于某数值后，轮系就自锁。故 WW 型多用于传递运动，而很少用于传递动力。若用于差动传动时，功率可较大。

（4）NN 型　该型由双排两对内啮合齿轮组成，如图 5-7 所示。通过调整行星轮与太阳轮的齿数关系，可以得到的传动比范围比 NGW 型的大；但效率低，传动比大到一定程度会出现自锁。与 WW 型相比，NN 型尺寸紧凑，效率稍微高些，故 NN 型一般用于小功率、短时、间歇工作的传动装置中。

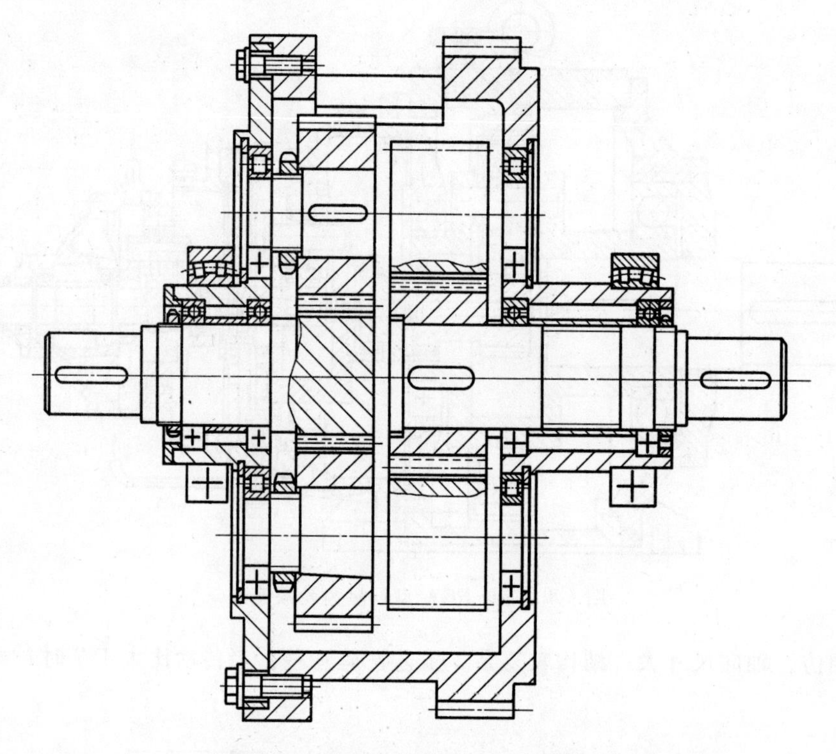

图 5-6　直齿 WW 型行星齿轮减速器

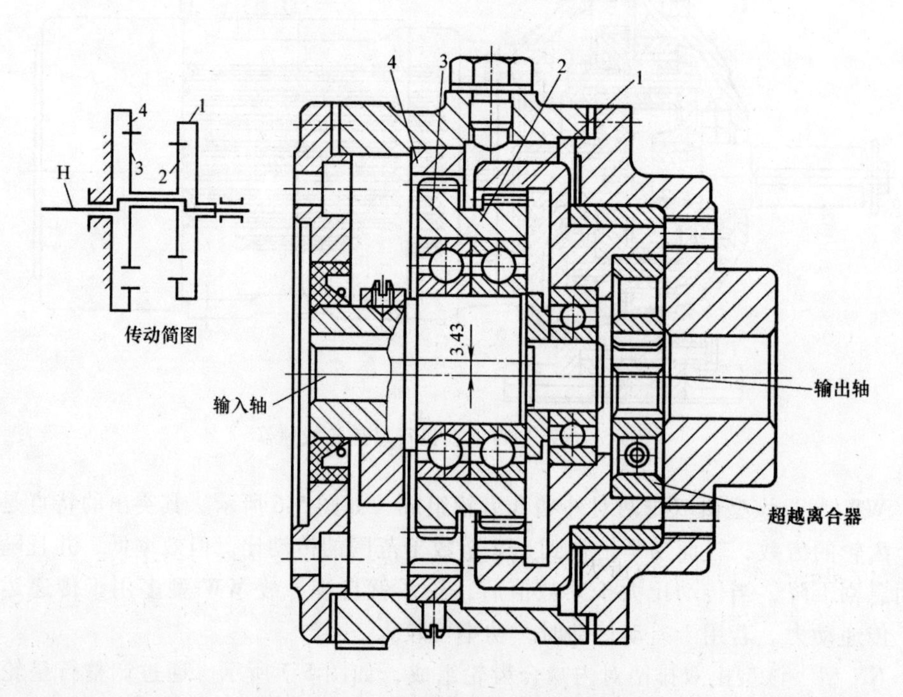

图 5-7　NN 型内齿轮输出少齿差减速器

1—内齿轮　2、3—行星轮（呈一体）　4—固定内齿圈

5.1.2 3K 型行星齿轮传动

如图 5-8 所示，3K 行星齿轮传动由三个太阳轮（K）、一个行星架（H）和两个固联的行星轮（g、f）组成。

这种传动由三个太阳轮 a、b 和 e，转臂 H 以及双联行星齿轮组成。由于转臂 H 不承受外力矩，仅起支承行星轮的作用，故不是基本构件，三个太阳轮是基本构件。按拥有基本构件的情况，将这类轮系称为 3K 型，而按啮合方式则为 NGWN 型，如图 5-9 所示。

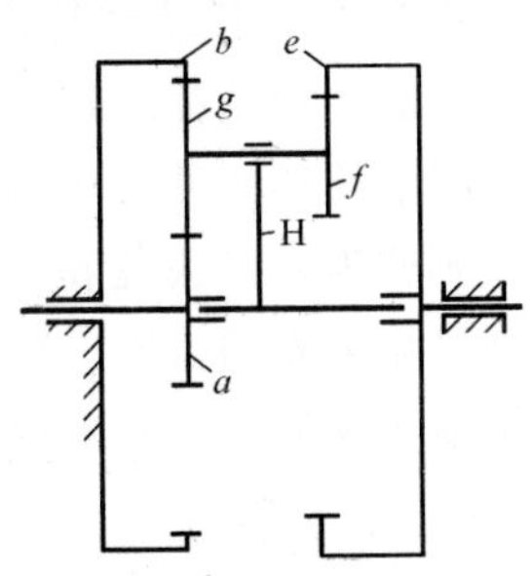

图 5-8 3K 行星齿轮传动简图

3K 型轮系可以较小的尺寸实现小于 500 的传动比，且可以组成串联的多级 NGWN 型轮系。但与 2K-H 类的 NGW 型相比，3K 型轮系效率低且随着传动比的增加而显著降低，工艺性也差，故该轮系只适合于中小功率的短时、间歇工作的动力传动装置。

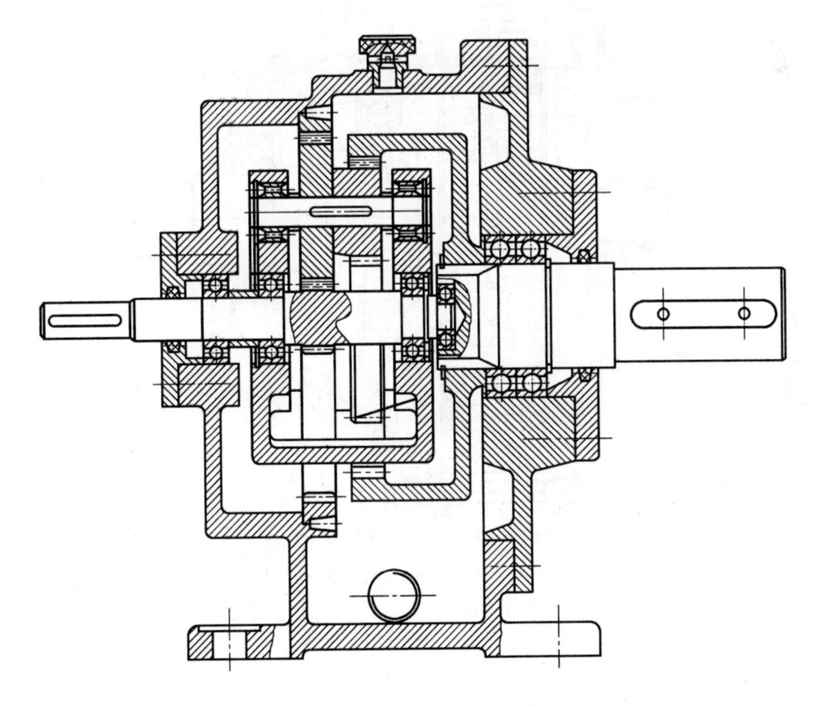

图 5-9 3K 型（NGWN 型）行星齿轮减速器

5.1.3 K-H-V 型行星齿轮传动

这种传动的基本构件为内齿太阳轮 b、转臂 H 和构件 V，称为 K-H-V 型轮系。这类传动仅有一种形式，因只有一对内啮合齿轮，所以按啮合方式属于 N 型，如图 5-10 所示。

当转臂 H 输入运动时，行星轮 g 与内齿太阳轮 b 啮合，因 b 是固定的，g 被迫绕自身轴线自转，同时又随转臂 H 绕主轴线公转，又因行星轮 g 与构件 V 不同心，其合成转动是平面运动，必须借助于一个输出机构才能将转动传给 V。这个输出机构称为 W 机构，常用的输出机构有销轴式、浮盘式、滑块式和零齿差式等。

K-H-V 型轮系的传动比是靠一对内啮合齿轮的齿数差实现的，齿数差通常为1~4。当主动齿轮的齿数足够多时就能得到大的传动比，所以又称为少齿差行星齿轮传动。

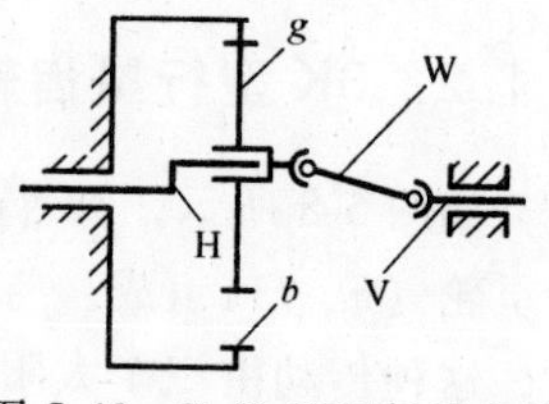

图 5-10 K-H-V 型行星齿轮传动简图

K-H-V 型传动结构紧凑，尺寸小，单级传动比为 10 ~ 100，效率较高，齿轮强度好，常用于减速传动装置，如图 5-11 所示。

以上所述各种行星齿轮机构，若它们的三个中心构件都回转，则称为差动齿轮机构。虽然 2K-H、3K 和 K-H-V 三种类型都可以作为差动齿轮机构，但实际上只采用 2K-H 型作为差动机构，因为它是在最低成本条件下能实现的最可靠机构。

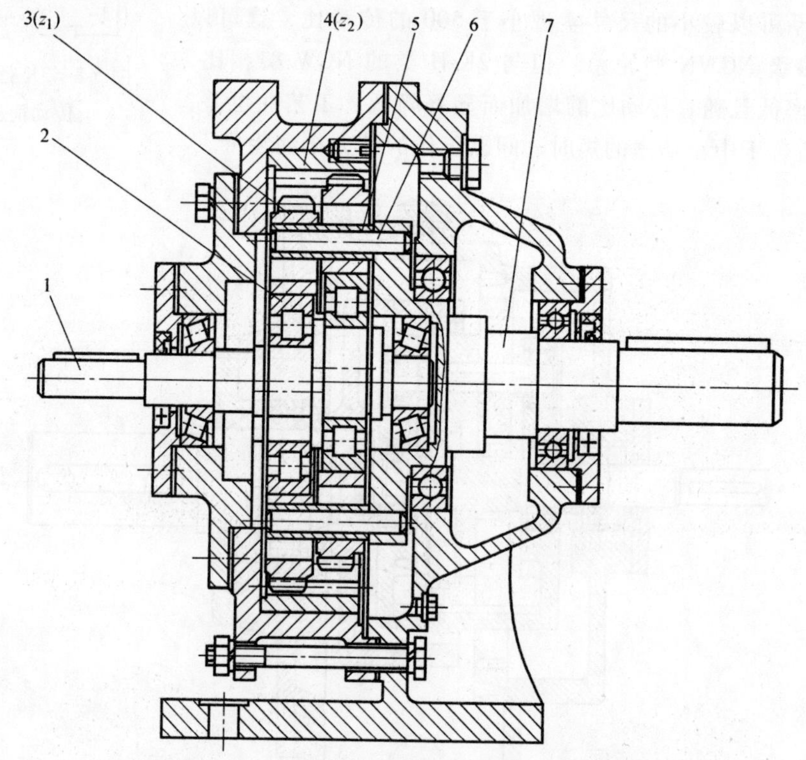

图 5-11 K-H-V（N）型销轴式输出少齿差减速器

1—输入轴（偏心轴） 2—行星架（即偏心轴）轴承 3—行星轮 4—内齿圈 5—销套 6—销轴 7—输出轴

此外，封闭行星齿轮机构（差动行星齿轮机构中的太阳轮与转臂之间，或两太阳轮之间形成封闭运动链）实际上大多也是 2K-H 型加上封闭运动链构成的。由以上可见，2K-H 型应用范围非常广泛。

5.2 行星齿轮减速器

5.2.1 行星齿轮减速器概述

行星齿轮减速器又称为行星减速器、伺服减速器。在所有减速器中，行星减速器以其体

积小，传动效率高，减速范围广，精度高等诸多优点，被广泛应用于伺服电动机、步进电动机、直流电动机等传动系统中。其作用就是在保证精密传动的前提下，降低转速、增大转矩和降低负载/电动机的转动惯量比。

行星减速器因为结构原因，单级减速比最小为3，最大一般不超过10，常见减速比为3/4/5/6/8/10，减速器级数一般不超过3，如图5-12、图5-13、图5-14所示。但有部分大减速比定制减速器有4级减速。减速器级数即为行星齿轮的套数，如图5-15所示。由于一套行星齿轮无法满足较大的传动比，有时需要两套或者三套来满足拥护较大的传动比的要求。由于增加了行星齿轮的数量，所以二级或三级减速器的长度会有所增加，效率会有所下降。

相对其他减速器，行星减速器具有高刚性、高精度（单级可做到1min以内）、高传动效率（单级为97%~98%）、高的转矩/体积比、终身免维护等特点。因为这些特点，行星减速器多数是安装在步进电动机和伺服电动机上，用来降低转速，提升转矩，匹配惯量。行星减速器的额定输入转速最高可达18000r/min（与减速器本身大小有关，减速器越大，额定输入转速越小）以上，工作温度一般为-25~100℃，通过改变润滑脂可改变其工作温度。

图5-12　单级行星齿轮减速器

图5-13　二级行星齿轮减速器

图5-14　三级行星齿轮减速器

图5-15　三级行星齿轮减速器内部结构

5.2.2　行星齿轮减速器的代号与标记方法

减速器代号包括型号、级别、型式、规格、公称传动比、标准编号。

P——行星传动英文首字母；
2——两级行星齿轮传动；
3——三级行星齿轮传动；
F——法兰连接；
D——底座连接；
Z——定轴圆柱齿轮。

减速器标记方法1：

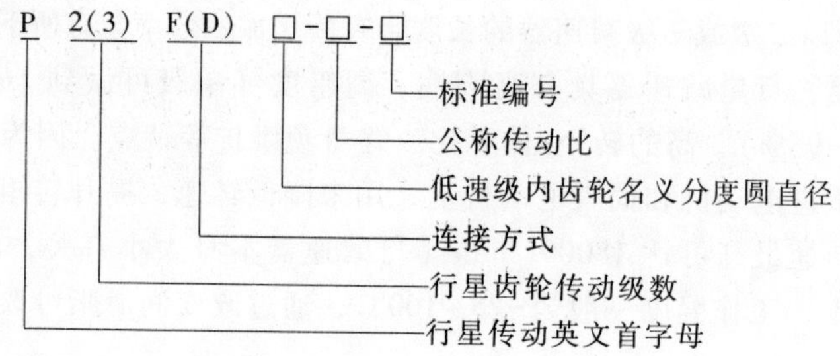

减速器标记方法2：

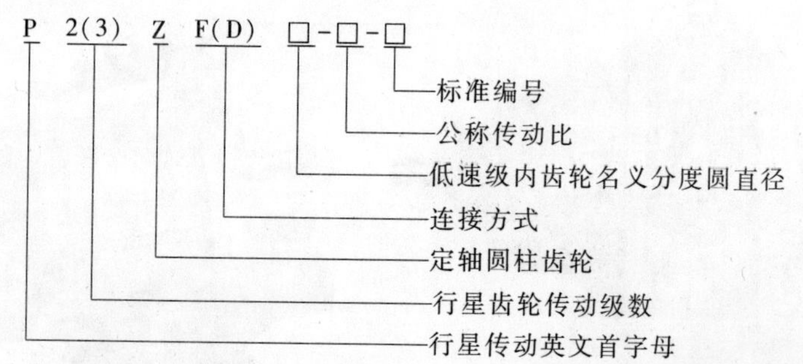

示例1：

低速级内齿轮名义分度圆直径 $d=1000\text{mm}$，公称传动比 $i_0=25$，二级行星传动，法兰式连接行星减速标记为

P2F1000-25-6502—2015

示例2：

低速级内齿轮名义分度圆直径 $d=1000\text{mm}$，公称传动比 $i_0=25$，三级行星传动与一级定轴圆柱齿轮组合，底座式连接行星减速器标记为

P3ZD1000-25-6502—2015

图5-16所示为二级NGW型行星齿轮减速器，标记P2F710-25-6502—2015。

图5-16　二级NGW型行星齿轮减速器

5.3　行星齿轮传动的特点

行星齿轮传动与普通齿轮传动相比，当它们的零件材料和机械性能、制造精度、工作条件等均相同时，前者具有一系列突出的优点，因此它常被用作减速器、增速器、差速器和换向机构以及其他特殊用途，如图5-17所示。

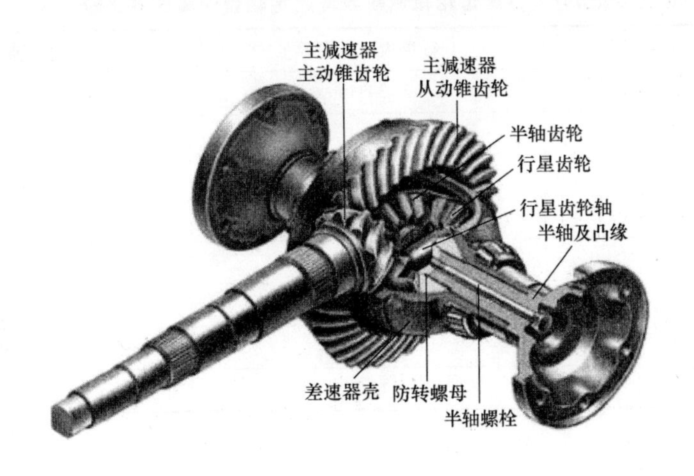

图 5-17　轿车主减速器和差速器

行星齿轮传动的主要特点如下：

1）体积小、重量轻、结构紧凑、传动功率大、承载能力高。

这些特点是由行星齿轮传动的结构等内在因素决定的。

① 功率分流。用几个完全相同的行星齿轮均匀地分布在太阳轮的周围来共同分担载荷，因而使每个齿轮所受的载荷较小，相应齿轮模数就可较小。

② 合理地应用了内啮合。充分利用内啮合承载能力高和内齿轮（或称为内齿圈）的空间容积，从而缩小了径向、轴向尺寸，使结构很紧凑而承载能力又很高。

③ 共轴线式的传动装置。各太阳轮构成共轴线式的传动，输入轴与输出轴共轴线，使这种传动装置长度方向的尺寸大大缩小。

2）传动比大。只要适当选择行星传动的类型及配齿方案，便可利用少数几个齿轮得到很大的传动比。在不作为动力传动而主要用以传递运动的行星齿轮机构中，其传动比可达到几千。此外，行星齿轮传动由于它的三个基本构件都可以转动，故可实现运动的合成与分解，以及有级和无级变速传动等复杂的运动。

3）传动效率高。由于行星齿轮传动采用了对称的分流传动结构，即它具有数个均匀分布的行星齿轮，使作用于太阳轮和转臂轴承中的反作用力相互平衡，有利于提高传动效率。在传动类型选择恰当、结构布置合理的情况下，其效率可达0.97~0.99。

4）运动平稳、抗冲击和振动的能力较强。由于采用数个相同的行星轮，其均匀分布于太阳轮周围，从而可使行星轮与转臂的惯性力相互平衡。同时，也使参与啮合的齿数增多，故行星齿轮传动的运动平稳，抗冲击和振动的能力较强，工作较可靠。

表 5-1 列出了 Delaval 公司生产的传动比 $i=7.15$、功率 $P=4400$kW 的行星齿轮减速器与一般减速器比较的结果，可见行星齿轮机构的优越。

在具有上述特点和优越性的同时，行星齿轮传动也存在一些缺点，如结构形式比定轴齿轮传动复杂；对制造质量要求较高；由于体积小，散热面积小导致油温升高，故要求严格的润滑与冷却装置等。

表 5-1　行星齿轮减速器与普通定轴齿轮减速器比较

项目	行星齿轮减速器	普通定轴齿轮减速器
质量/kg	3471	6943
高度/m	1.31	1.80
长度/m	1.29	1.42
宽度/m	1.35	2.36
体积/m^3	2.29	6.09
齿宽/m	0.18	0.41
损失功率/kW	81	95
圆周速度/(m/s)	42.7	99.4

5.4　行星齿轮传动的配齿计算

为提高承载能力，减小机构尺寸和消除惯性力的影响，行星齿轮传动普遍采用多行星轮对称结构，行星轮数目一般为 2~4 个，均匀分布在太阳轮周围。在这种情况下，各齿轮的齿数不仅与所要求的传动比有关，而且要受到太阳轮与行星架的同心条件、各行星轮与太阳轮的装配条件以及相邻行星轮之间的邻接条件的限制。

5.4.1　确定各轮齿数应满足的条件

（1）传动比条件　保证实现给定的传动比，传动比的计算公式为

1）NGW 型的传动比条件

$$i_{aH}=\frac{n_a}{n_H}=1+\frac{z_b}{z_a} \tag{5-1}$$

2）NW 型的传动比条件

$$i_{aH}^{b}=1+\frac{z_g z_b}{z_a z_f}=\frac{z_a z_f+z_g z_b}{z_a z_f} \tag{5-2}$$

3）WW 型、NN 型的传动比条件

$$i_{aH}^{b}=1-\frac{z_g z_b}{z_a z_f}=\frac{z_a z_f-z_g z_b}{z_a z_f} \tag{5-3}$$

（2）同心条件　行星传动装置的特点是输入轴与输出轴同轴，即各太阳轮的轴线与行星架的轴线是重合的。为保证太阳轮和行星架轴线重合条件下的正确啮合，由太阳轮和行星架组成的各啮合副的实际中心距必须相等，称之为同心条件。

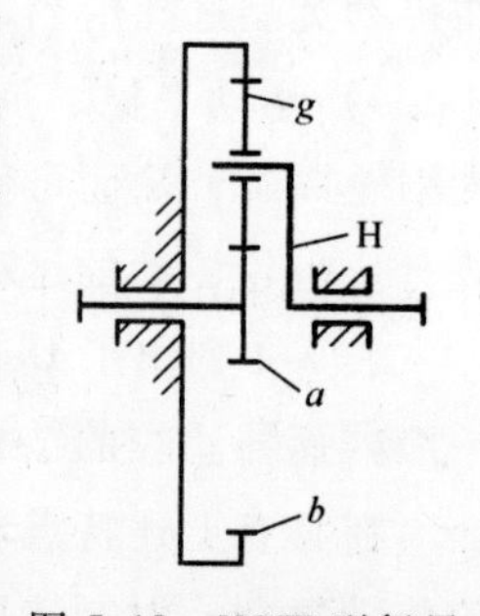

图 5-18　NGW 型行星减速器简图

1）NGW 型的同心条件。如图 5-18 所示，当太阳轮轴线和行星架轴线重合时，为保证行星轮 g 与两个太阳轮 a、b 同时正确啮合，就要求外啮合齿轮 a-g 的中心距等于内啮合齿轮 b-g 的中心距，此时同心条件为

$$a_{ag}=a_{bg} \tag{5-4}$$

对于非变位或高度变位传动，即

$$\frac{m}{2}(z_a+z_g)=\frac{m}{2}(z_b-z_g)$$

由此得

$$z_b=z_a+2z_g \text{ 或 } z_g=\frac{z_b-z_a}{2} \tag{5-5}$$

式（5-5）表明，为保证同心条件，两太阳轮的齿数 z_a 和 z_b 必须同时为偶数或奇数，否则行星轮齿数 z_g 不可能为整数。NW 型、WW 型和 NN 型行星减速器简图如图 5-19、图 5-20和图 5-21 所示。

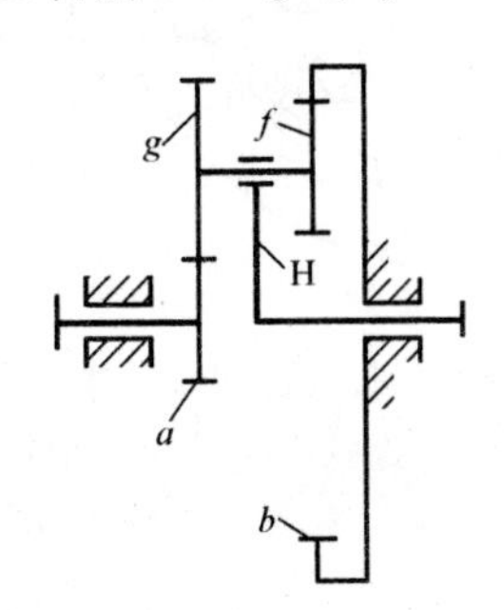

图 5-19　NW 型行星减速器简图

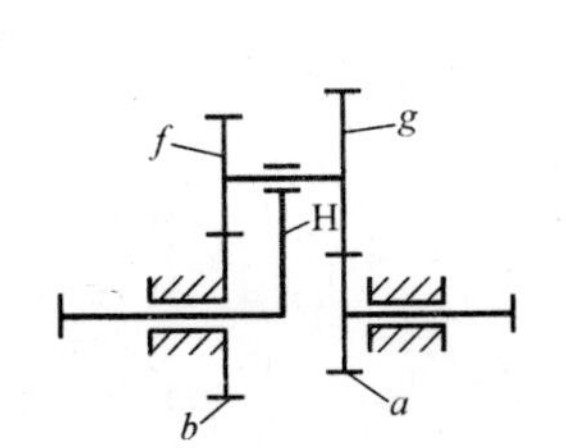

图 5-20　WW 型行星减速器简图

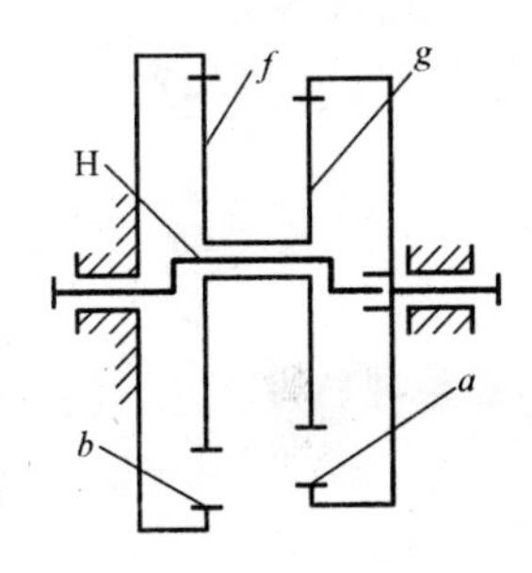

图 5-21　NN 型行星减速器简图

2）NW 型的同心条件

$$m_{ag}(z_a+z_g)=m_{fb}(z_b-z_f) \tag{5-6}$$

式中，m_{ag}为太阳轮 a 与行星轮 g 的模数；m_{fb}为行星轮 f 与齿圈 b 的模数。

3）WW 型的同心条件

$$m_{ag}(z_a+z_g)=m_{fb}(z_b+z_f) \tag{5-7}$$

式中，m_{ag}为太阳轮 a 与行星轮 g 的模数；m_{fb}为行星轮 f 与另一太阳轮 b 的模数。

4）NN 型的同心条件

$$m_{ag}(z_a-z_g)=m_{fb}(z_b-z_f) \tag{5-8}$$

式中，m_{ag}为齿圈 a 与行星轮 g 的模数；m_{fb}为行星轮 f 与另一齿圈 b 的模数。

（3）装配条件　保证各行星轮能均布地安装于两太阳轮之间。为此，各轮齿数与行星轮个数 C 必须满足装配条件。否则，当第一个行星轮装入啮合位置后，其他几个轮装不进去。

1）NGW 型的装配条件。为建立装配条件，以图 5-22 所示的单排行星轮（$C=3$）为例，介绍装配过程：相邻两个行星轮所夹中心角等于$\frac{2\pi}{C}$，设行星轮的齿数为偶数，当两太阳轮的轮齿中线同时位于 A—A 线上时，行星轮便可装入。然后，将行星架 H 由位置Ⅰ转到位置Ⅱ，转角 $\varphi_H=\frac{2\pi}{C}$，而太阳轮 a 相应转过 φ_a 角，其某一轮齿中线应正好转到 A—A 线上，仍与太阳轮 b 的轮齿相对，这时第二个行星轮才能装入啮合位置。为此，φ_a 角必须等于太阳轮 a 转过 T 个（整数）齿所对的中心角。

即

$$\varphi_a = T\frac{2\pi}{z_a} \tag{5-9}$$

式中，$\frac{2\pi}{z_a}$为太阳轮 a 转过一个齿（齿距）所对的中心角。

显然，当太阳轮 a 与行星架 H 由位置Ⅰ转到位置Ⅱ时，该轮系的传动比 i_{aH} 为

$$i_{aH} = \frac{n_a}{n_H} = \frac{\varphi_a}{\varphi_H} = 1 + \frac{z_b}{z_a} \tag{5-10}$$

将 φ_a 和 φ_H 代入上式，得

$$\frac{\dfrac{2\pi T}{z_a}}{\dfrac{2\pi}{C}} = 1 + \frac{z_b}{z_a} \tag{5-11}$$

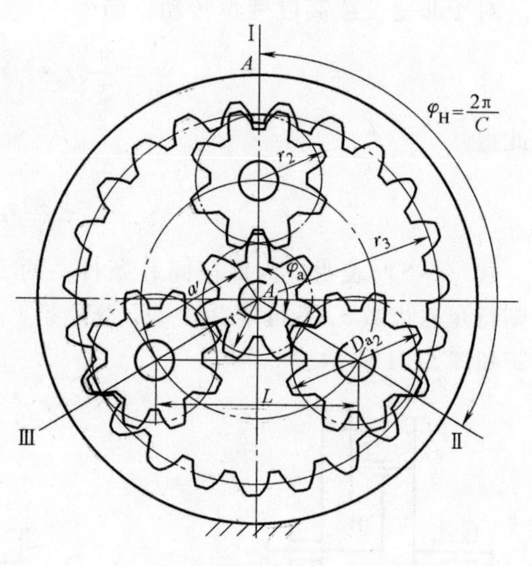

图 5-22　单排 2K-H 行星传动的配齿计算

经整理后得

$$\frac{z_a + z_b}{C} = T \quad （整数） \tag{5-12}$$

因此，单排 2K-H 行星传动的装配条件是：两太阳轮的齿数之和应为行星轮数目的整数倍。

因为 $i_{aH}^b = 1 + \frac{z_b}{z_a}$，即 $z_b = (i_{aH}^b - 1) z_a$，代入式（5-12）得

$$\frac{i_{aH}^b z_a}{C} = T \tag{5-13}$$

当行星轮的齿数为奇数时，证明方法与结论相同。

2）NW 型、WW 型和 NN 型的装配条件。这三种形式的行星传动中，行星轮为双联齿轮。如果行星轮的两个齿圈的相对位置可以在安装时调整，则只要满足传动比、邻接与同心条件就可以装配，且装配后再将行星轮两个齿圈相互固定成一体即可。若双联行星轮是在同一坯料上插齿而成不可调的一个整体零件，则其装配条件有两个。其一是从制造上要求双联行星轮中两齿圈上各有一齿或齿槽的中心线重合于同一径向直线 Q（或平面）且分布在该径向直线的两端（对 NW 型，见图 5-23a）或同一侧（对 NN 型和 WW 型，见图 5-23b），并给这两个特定轮齿上打上记号，作为装配时的定位之用。其二是各齿轮的齿数与行星轮个数之间应满足一定的条件。现推导如下：

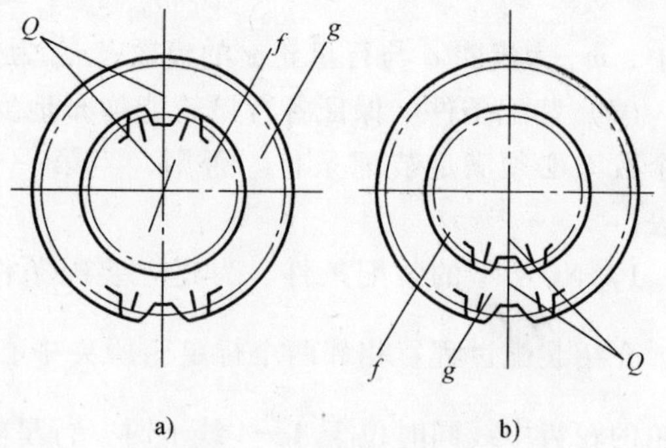

图 5-23　双联行星轮标记线

如图 5-24 所示，设 b 固定，在位置Ⅰ装入行星轮 g、f，然后将行星架转动 $n\times C$，其中

$n=1,2,\cdots,m$，与此同时 a 轮转动的角度 φ_a 为

$$\varphi_a = n\frac{2\pi}{C}i_{aH}^{b}$$

当 φ_a 为 a 轮一个齿距所对中心角的整数倍 M 时：

$$M=\frac{\varphi_a}{2\pi/z_a}=n\frac{\frac{2\pi}{C}i_{aH}^{b}}{\frac{2\pi}{z_a}}=\frac{nz_a i_{aH}^{b}}{C}=\frac{nz_a\left(1\pm\frac{z_g z_b}{z_a z_f}\right)}{C}=\frac{n(z_a z_f\pm z_g z_b)}{Cz_f}=\text{整数}$$

即

$$\frac{z_a z_f\pm z_g z_b}{Cz_f}=\frac{M}{n}=T$$

另一行星轮就可以在位置Ⅰ装入。

上式中对于NW型，装配条件为

$$\frac{z_a z_f+z_g z_b}{Cz_f}=T \tag{5-14}$$

对于WW型、NN型，装配条件为

$$\frac{z_a z_f-z_g z_b}{Cz_f}=T \tag{5-15}$$

（4）邻接条件　在行星传动中，为了提高承载能力，减小机构尺寸，并考虑到动力学的平衡问题，常在太阳轮与内齿轮之间均匀、对称地布置几个行星齿轮。为使相邻两个行星齿轮不相互碰撞，要求其齿顶圆间有一定的间隙，称为邻接条件。

1）NGW型的邻接条件。NGW型的邻接条件如图5-25所示，即

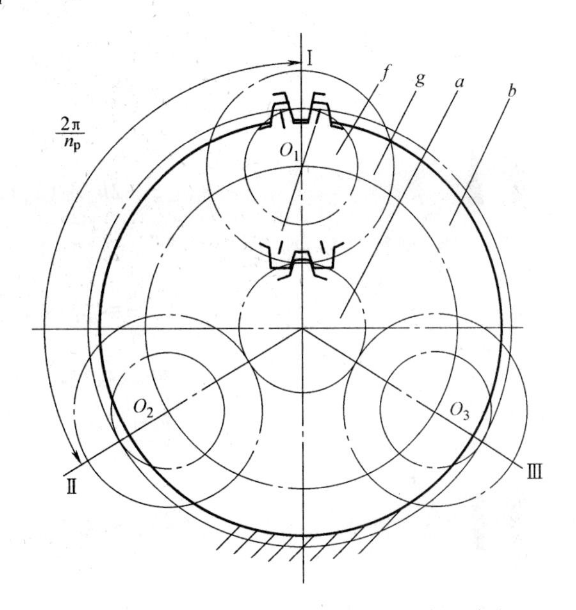

图5-24　具有双联行星轮的2K-H型装配条件

$$2\alpha_{ag}\sin\frac{\pi}{C}>d_{ag} \tag{5-16}$$

式中，d_{ag}为行星轮的齿顶圆直径。

整理得

$$z_g+2h_a^*<(z_a+z_g)\sin\frac{\pi}{C} \tag{5-17}$$

2）NW型的邻接条件

$$\left.\begin{aligned}&z_a+2h_a^*<(z_a+z_g)\sin\frac{\pi}{C},(z_g>z_f)\\&z_f+2h_a^*<(z_b-z_f)\sin\frac{\pi}{C},(z_g<z_f)\end{aligned}\right\} \tag{5-18}$$

3）WW型的邻接条件

$$z_g+2h_a^*<(z_a+z_g)\sin\frac{\pi}{C},(z_g>z_f) \tag{5-19}$$

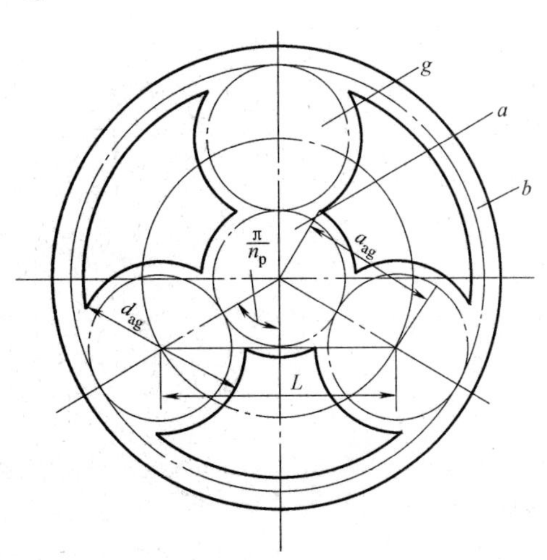

图5-25　邻接条件

4）NN 型的邻接条件。

当 $z_b>z_a$ 及 $z_f>z_g$ 时

$$z_g+2h_a^*<(z_b-z_f)\sin\frac{\pi}{C} \tag{5-20}$$

5.4.2 配齿计算

根据上述四个条件，可以导出选配齿数的基本公式。采用标准传动或者高变位传动时，经推导，得出选配齿数的计算公式归纳如下，供设计参考。

1）NGW 型行星传动

$$\left.\begin{aligned} &i_{aH}=1+\frac{z_b}{z_a} \\ &z_b=z_a+2z_g \\ &\frac{z_a+z_b}{C}=T \\ &z_g+2h_a^*<(z_a+z_g)\sin\frac{\pi}{C} \end{aligned}\right\} \tag{5-21}$$

2）NW 型行星传动

$$\left.\begin{aligned} &\frac{z_g z_b}{z_a z_f}=i_{aH}^b-1 \\ &m_{ag}(z_a+z_g)=m_{fb}(z_b-z_f) \\ &\frac{z_a z_f+z_g z_b}{C z_f}=T \end{aligned}\right\} \tag{5-22}$$

$$\left.\begin{aligned} &z_a+2h_a^*<(z_a+z_g)\sin\frac{\pi}{C},(z_g>z_f) \\ &z_f+2h_a^*<(z_b-z_f)\sin\frac{\pi}{C},(z_g<z_f) \end{aligned}\right\} \tag{5-23}$$

3）WW 型行星传动

$$\left.\begin{aligned} &\frac{z_g z_b}{z_a z_f}=1-i_{aH}^b \\ &m_{ag}(z_a+z_g)=m_{fb}(z_b+z_f) \\ &\frac{z_a z_f-z_g z_b}{C z_f}=T \\ &z_g+2h_a^*<(z_a+z_g)\sin\frac{\pi}{C},(z_g>z_f) \end{aligned}\right\} \tag{5-24}$$

4）NN 型行星传动

$$\left.\begin{aligned} &\frac{z_g z_b}{z_a z_f}=1-i_{aH}^b \\ &m_{ag}(z_a-z_g)=m_{fb}(z_b-z_f) \\ &\frac{z_a z_f-z_g z_b}{C z_f}=T \end{aligned}\right\} \tag{5-25}$$

当 $z_b>z_a$ 及 $z_f>z_g$ 时

$$z_g+2h_a^*<(z_b-z_f)\sin\frac{\pi}{C} \tag{5-26}$$

5.5 行星齿轮传动的发展概况与方向

5.5.1 发展概况

早在南北朝时期（公元429—500年），祖冲之创造发明了有行星齿轮的差动式指南车。因此，我国行星齿轮传动的应用比欧美各国早1300多年。

1880年德国第一个行星齿轮传动装置的专利出现了。20世纪以来，随着机械工业特别是汽车和飞机工业的发展，对行星齿轮传动的发展有很大影响。1920年首次成批制造出行星齿轮传动装置，并首先用作汽车的差速器。1938年起汽车用的行星齿轮传动装置高速发展。第二次世界大战后，高速大功率舰船、透平发电机组、航空发动机及工程机械的发展，促进了行星齿轮传动的发展。

高速大功率行星齿轮传动广泛的实际应用于1951年首先在德国获得成功。1958年后，英、意、日、美、苏、瑞士等国也获得成功，均有系列产品，并以成批生产，普遍应用。英国Allen齿轮公司生产的压缩机用行星减速器，功率为25740kW；德国Renk公司生产的船用行星减速器，功率为11030kW。

低速重载行星减速器已由系列产品发展到生产特殊用途产品，如法国Citroen生产的用于水泥磨、榨糖机、矿山设备的行星减速器，质量达125t，输出转矩为3900kN·m；德国Renk公司生产的矿井提升机的行星减速器，功率为1600kW，$i=13$，输出转矩为350kN·m；日本宇都兴产公司生产的功率为3200kW、$i=720/480$、输出转矩为2100kN·m的行星减速器。图5-26所示为德国ZF-PLM系列行星减速器。

图5-26 德国ZF-PLM系列行星减速器

我国从20世纪60年代起开始研制应用行星齿轮减速器，20世纪70年代制定了NGW型渐开线行星齿轮减速器标准系列JB1799—1976。一些专业定点厂已成批生产了

NGW 型标准系列产品，使用效果很好。已研制成功高速大功率的多种行星齿轮减速器，如列车电站燃气轮机（3000kW）、高速汽轮机（500kW）和万立方米制氧透平压缩机（6300kW）的行星齿轮箱。低速大转矩的行星齿轮减速器也已批量生产，如矿井提升机的 XL-30 型行星减速器（800kW）和双滚筒采煤机的行星减速器（375kW）。图 5-27 为我国研制的大功率行星减速器。

5.5.2 发展方向

世界各先进工业国，经由工业化、信息化时代，正在进入知识化时代，行星齿轮传动在设计上日趋完善，制造技术不断进步，使行星齿轮传动已达到了较高的水平。我国与世界先进水平虽存在明显的差距，但随着改革开放，通过设备引进、技术引进，在消化吸收国外先进技术方面取得了长足进步。目前行星齿轮传动正向以下几个方向发展：

图 5-27 大功率行星减速器

1）向高速大功率和低速大转矩方向发展。例如：年产 300kt 合成氨透平压缩机的行星齿轮增速器，其齿轮圆周速度已达到 150m/s；日本生产的巨型航舰推进系统用的行星齿轮箱，功率为 22065kW；大型水泥磨中所用 80/125 型行星齿轮箱，输出转矩高达 4150kN · m。在这类产品的设计与制造中需要继续解决均载、平衡、密封、润滑、零件材料与热处理及高效率、长寿命、可靠性等一系列设计制造技术问题。

2）向无级变速行星齿轮传动方向发展。实现无级变速就是让行星齿轮传动中三个基本构件都转动并传递功率，这只要对原行星齿轮机构中固定的构件附加一个转动（如采用液压泵及液压马达系统来实现），就能成为无级变速器。

3）向复合式行星齿轮传动方向发展。近年来，国外将蜗杆传动、螺旋齿轮传动、锥齿轮传动与行星齿轮传动组合使用，构成复合式行星齿轮箱。其高速级用前述各种定轴类型传动，低速级用行星齿轮传动，这样可适应相交轴和交错轴间的传动，可实现大传动比和大转矩输出等不同用途，充分利用各种类型传动的特点，克服各自的弱点，以适应市场上多样化的需求。例如，制碱工业澄清桶用蜗杆蜗轮—行星齿轮减速器，总传动比 $i=4462.5$，输出轴 $n=0.215$r/min，输出转矩为 27200N · m。

4）向少齿差行星齿轮传动方向发展，如图 5-28 所示。这类传动主要用于大传动比、小功率传动中。

5）制造技术的发展方向。采用新型优质钢材，经热处理获得高硬度齿面（内齿轮离子渗氮，外齿轮渗碳淬火），精密加工以获得高齿轮精度和低表面粗糙度值（内齿轮精插齿达 5~6 级精度，外齿轮精磨齿达 5 级精度，表面粗糙度值 $Ra0.2\sim0.4\mu m$），从而提高承载能力，保证可靠性和使用寿命。

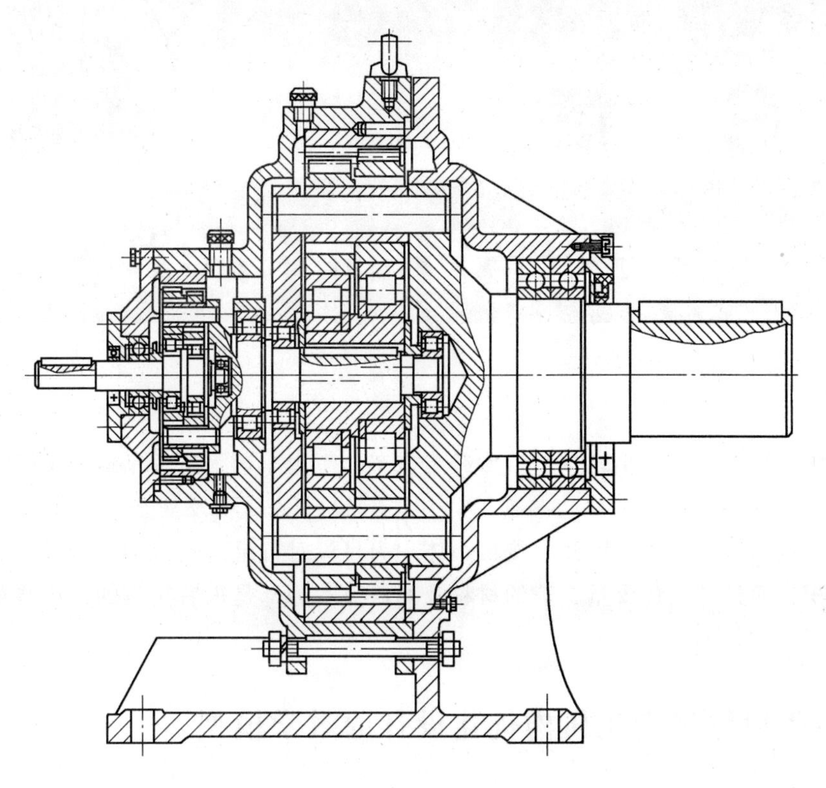

图 5-28　二级少齿差减速器

第 6 章 行星齿轮传动装置的优化设计

行星齿轮机构广泛用于小轿车、重型载重汽车、军用车辆、工程车辆和飞机等的传动系统（变速器、双速主减速器和轮边减速器）中。其设计是一项较复杂的工作，而且以常规设计方法只能找出可行方案。因此，按最小体积为目标对行星齿轮机构进行最优化设计，不仅对缩小体积，而且对减轻重量、节约材料及降低成本等都是很有实效的，这些对汽车、飞机这样一类产品尤其重要。

6.1　2K-H 型行星齿轮机构优化设计的数学模型

现以生产实际中常采用的 2K-H 型行星齿轮机构为例，详细叙述行星齿轮优化设计的过程。图 6-1 所示为 2K-H 型行星齿轮机构简图。

6.1.1　已知条件

2K-H 型行星齿轮输入轴太阳轮轴上的功率为 P_1，转速为 n_1，传动比为 i_{1H}（简记 i）。输出轴为 H。

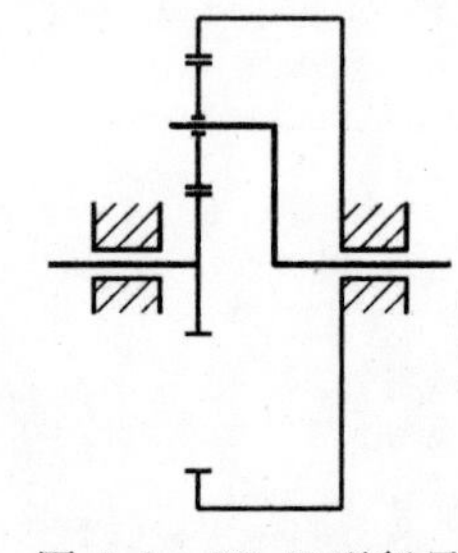
图 6-1　2K-H 型行星齿轮机构简图

6.1.2　设计变量及目标函数

由于太阳轮和全部行星轮的体积之和能影响和决定齿圈或整个机构的尺寸和体积，因此可选择这项指标作为优化设计的目标函数，即

$$f(\boldsymbol{X})=V_1+CV_2=\frac{\pi}{4}b(d_1^2+Cd_2^2)=\frac{\pi}{4}m^2b(z_1^2+Cz_2^2) \tag{6-1}$$

式中，V_1、d_1、z_1 分别为太阳轮的体积、节圆直径、齿数；V_2、d_2、z_2 分别为行星轮的体积、节圆直径、齿数；C 为行星轮个数；m 为齿轮模数；b 为齿轮齿宽。

将行星轮系的同心条件：

$$z_2=\frac{z_3-z_1}{2}=\frac{i-2}{2}z_1 \tag{6-2}$$

代入式（6-1），得

$$f(\boldsymbol{X})=\frac{\pi}{16}m^2bz_1^2[4+C(i-2)^2] \tag{6-3}$$

式（6-3）由 z_1、b、m 和 C 这四个独立参数决定，可取它们为设计变量，即

$$\boldsymbol{X}=\begin{pmatrix}x_1\\x_2\\x_3\\x_4\end{pmatrix}=\begin{pmatrix}z_1\\b\\m\\C\end{pmatrix} \tag{6-4}$$

则目标函数改写为

$$f(\boldsymbol{X})=0.19635x_1^2x_2x_3^2[4+x_4(i-2)^2] \tag{6-5}$$

若事先选定行星轮个数 C，则上式就成为三个变量的目标函数。式（6-4）和式（6-5）分别改写为

$$\boldsymbol{X}=\begin{pmatrix}x_1\\x_2\\x_3\end{pmatrix}=\begin{pmatrix}z_1\\b\\m\end{pmatrix} \tag{6-6}$$

$$f(\boldsymbol{X})=0.19635x_1^2x_2x_3^2[4+C(i-2)^2] \tag{6-7}$$

6.1.3 约束条件

在建立约束条件时，首先要引进中间变量 $z_{小}$ 和 $z_{大}$：

$z_{小}$——太阳轮和行星轮齿数之小者；

$z_{大}$——太阳轮和行星轮齿数之大者。

由于 $z_2=\dfrac{z_3-z_1}{2}=\dfrac{i-2}{2}z_1$，所以

当 $i\geqslant4$ 时，$z_2\geqslant z_1$，则取

$$z_{小}=z_1$$
$$z_{小}/z_{大}=z_1/z_2=2/(i-2)$$

当 $i<4$ 时，$z_2<z_1$，则取

$$z_{小}=z_2$$
$$z_{小}/z_{大}=z_2/z_1=(i-2)/2$$

根据行星轮系的结构、轮齿的几何尺寸和强度要求，可列出以下约束条件：

1）限制模数最小值，得

$$g_1(x)=2-x_3\leqslant0 \tag{6-8}$$

2）保证小齿轮不根切，得

$$g_2(x)=17-z_{小}\leqslant0 \tag{6-9}$$

3）由齿宽限制，要求 $5m\leqslant b\leqslant17m$，得

$$g_3(x)=5x_3-x_2\leqslant0 \tag{6-10}$$

$$g_4(x)=x_2-17x_3\leqslant0 \tag{6-11}$$

4）根据行星轮的相邻条件：

$$d_{2a}<2a\sin\frac{\pi}{C}$$

式中，d_{2a}为行星轮的齿顶圆直径，$d_{2a}=mz_2+2m=mz_1(i-2)/2+2m$；$a$为太阳轮与行星轮的中心距，$a=\frac{m}{2}(z_1+z_2)=\frac{mz_1}{2}[1+(i-2)/2]$

代入相邻条件，得

$$g_5(x)=x_1\frac{i-2}{2}\left(1-\sin\frac{\pi}{C}\right)-x_1\sin\frac{\pi}{C}+2\leqslant 0 \qquad (6\text{-}12)$$

5）根据对钢制标准直齿圆柱齿轮的轮齿接触强度的要求：

$$d_1\geqslant\sqrt[3]{\frac{2KT_1}{\psi_d}\frac{u\pm 1}{u}\left(\frac{Z_H Z_E}{[\sigma_H]}\right)^2}$$

式中，d_1为小齿轮的分度圆直径（mm），$d_1=mz_1$；T_1为小齿轮工作转矩（N·mm），$T_1=P\frac{mz_1}{2}$，P为齿轮圆周力（N）；K为工作载荷系数；ψ_d为齿宽系数，$\psi_d=\frac{b}{d_1}$；Z_H为节点区域系数；Z_E为弹性影响系数；$[\sigma_H]$为接触疲劳许用应力（MPa）；u为计算齿轮副的齿数比，$u=\frac{z_2}{z_1}$。

对于外啮合齿轮副，上式经简化后得

$$z_1^2m^2b\geqslant 2KT_1\left(\frac{u+1}{u}\right)\left(\frac{Z_H Z_E}{[\sigma_H]}\right)^2=A_H T_1\frac{u+1}{u}=A_H P\frac{mz_1}{2}\left(\frac{u+1}{u}\right)$$

$$z_1^2m^2b\geqslant A_H T_1\frac{u+1}{u}=A_H P\frac{mz_1}{2}\left(\frac{u+1}{u}\right)$$

对于行星轮系的外啮合齿轮副来说，则有

$$z_{小}^2\ m^2b\geqslant A_H P\frac{mz_{小}}{2}\left(\frac{\frac{z_{大}}{z_{小}}+1}{\frac{z_{大}}{z_{小}}}\right)=A_H P\frac{mz_{小}}{2}\left(1+\frac{z_{小}}{z_{大}}\right)$$

式中，A_H为接触强度综合系数，$A_H=2K\left(\frac{Z_H Z_E}{[\sigma_H]}\right)^2$；$P$为太阳轮和行星轮的啮合圆周力，$P=\frac{2T_1}{Cmz_1}$；$C$为行星轮个数。

由此得

$$g_6(x)=A_H\frac{T_1 z_{小}}{Cx_1}\left(1+\frac{z_{小}}{z_{大}}\right)-z_{小}^2\ x_3^2x_2\leqslant 0 \qquad (6\text{-}13)$$

6）根据对钢制标准直齿圆柱齿轮的轮齿抗弯强度的要求：

$$m \geqslant \sqrt[3]{\frac{2KT_1 Y_{Fa} Y_{Sa}}{\psi_d z_1^2 [\sigma_F]}}$$

式中，Y_{Fa}为齿形系数；Y_{sa}为应力修正系数；$[\sigma_F]$ 为弯曲疲劳许用应力（MPa）；

取$\frac{Y_{Fa} Y_{Sa}}{[\sigma_F]} = \max\left\{\frac{Y_{Fa1} Y_{Sa1}}{[\sigma_{F1}]}, \frac{Y_{Fa2} Y_{Sa2}}{[\sigma_{F2}]}\right\}$

上式可简化为

$$m^2 z_1 b \geqslant A_F T_1 Y_{Fa} Y_{Sa} = A_F P \frac{mz_1}{2} Y_{Fa} Y_{Sa}$$

式中，A_F 为抗弯强度综合系数，$A_F = \frac{2K}{[\sigma_F]}$。

对于行星轮系的外啮合齿轮副来说，则有

$$m^2 z_{小} b \geqslant A_F P \frac{mz_{小}}{2} Y_{Fa} Y_{Sa} = A_F \frac{T_1 z_{小}}{Cz_1} Y_{Fa} Y_{Sa}$$

由此得

$$g_7(x) = A_F \frac{T_1 z_{小}}{Cx_1} Y_{Fa} Y_{Sa} - x_3^2 z_{小} x_2 \leqslant 0 \tag{6-14}$$

$Y_{Fa1} = 4.33869 z_1^{-0.159189}$，$Y_{Fa2} = 2.859508\ (uz_1)^{-0.057395}$，$Y_{Sa1} = 1.175585 z_1^{0.094493}$，$Y_{Sa2} = 1.276\ (uz_1)^{0.0738}$。

考虑到内啮合齿轮副（行星轮和内齿圈）承载能力较外啮合齿轮副（行星轮和太阳轮）为高，故如无特别要求可不列出其强度约束条件。

7）行星轮个数的约束条件（略，可不考虑）。

6.1.4　优化设计的数学模型

综上所述，2K-H 型行星齿轮机构优化设计的数学模型为

求使

$$\left.\begin{aligned} &\boldsymbol{X} = \begin{pmatrix} x_1 \\ x_2 \\ x_3 \end{pmatrix} = \begin{pmatrix} z_1 \\ b \\ m \end{pmatrix} \\ &f(\boldsymbol{X}) = 0.19635 x_1^2 x_2 x_3^2 [4 + C(i-2)^2] \to \min \\ &\text{s.t. } g_j(x) \leqslant 0 (j = 1, 2, \cdots, 7) \end{aligned}\right\} \tag{6-15}$$

在上面的数学模型中，尚有一项约束条件未考虑——行星轮系的装配条件，即

$$\frac{z_1 + z_3}{C} = \frac{z_1}{C} i = T \quad (T\text{ 为任意正整数}) \tag{6-16}$$

一种处理办法，是将它列为等式约束条件，即

$$h(x) = \frac{x_1}{C} i - T = 0 \quad (T\text{ 为任意正整数})$$

由于处理较麻烦，该条件不在优化模型中考虑。

另一种处理办法，是将它引入 2K-H 型行星轮系齿数选择的计算程序中，从而避免以等式约束条件形式出现。

6.2 2K-H 型行星齿轮机构齿数选择

由式（6-2）可知，z_3-z_1 应为偶数，所以 $z_3+z_1=CT$ 之值也应为偶数。如给定传动比 i，由式（6-16）可知，当给定一个 z_1 值，便可算出一个相应的 CT 值，后者不一定都是整数，取整后 i 值将产生一定的误差，圆整后的 CT 值如为奇数尚需按 i 值误差尽量小的原则将 CT 值加 1 或减 1，如此确定的 CT 值能同时满足式（6-2）和式（6-16）。确定了 CT 值后即可进一步按式（6-16）求出 z_3，进而求出实际传动比 i_s，后者相对于原给定的传动比 i 的误差不应超过给定的允许误差值 ε，即应满足

$$\frac{|i-i_s|}{i}\leqslant\varepsilon$$

这样，即可求出 2K-H 型行星轮系各齿轮齿数的许多组合方案。图 6-2 给出了其计算程序框图。结果将太阳轮、行星轮、齿圈的合格齿数分别存放在数组 $z1$（15）、$z2$（15）、$z3$（15）中。

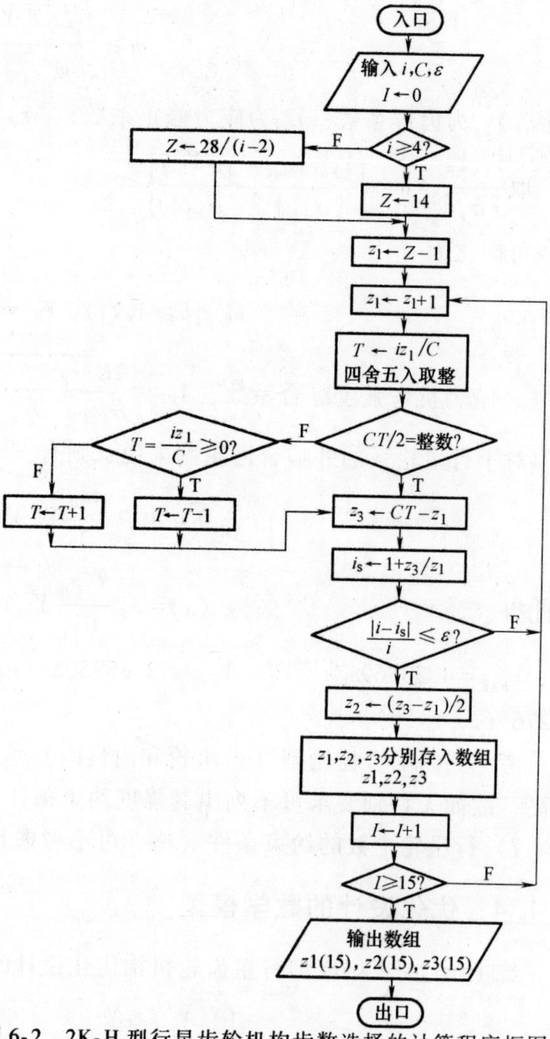

图 6-2 2K-H 型行星齿轮机构齿数选择的计算程序框图

图 6-2 中的 Z 为整型量，用来记载 z_1 的初始值。此值应保证最小齿轮齿数不小于 14（允许轻微根切的最少齿数）。

6.3 关于参数圆整

在优化过程中，可先将所有的设计变量权宜地看作是连续变量，在取得最优解 X^* 后再对其实型分量 x_1^*、x_2^*、x_3^* 按实际要求进行圆整和取值。齿数 x_1 可在 $z1(15)$ 中选取最接近的齿数；齿宽 x_2 可按自然整数序列圆整；模数 x_3 可在模数存放数组 ms（15）中选取最接近的标准模数。

圆整后构成的点称为整型点。若 x_i^* 的整数部分为 $[x_i^*]$，则 $[x_i^*]$ 和 $[x_i^*]+1$ 便是最接近 x_i^* 的两个整型点。若设计变量有 n 个，则共有 2^n 个整型点，并在 X^* 周围构成了整型点群。例如，对于二维设计空间，在最优解周围

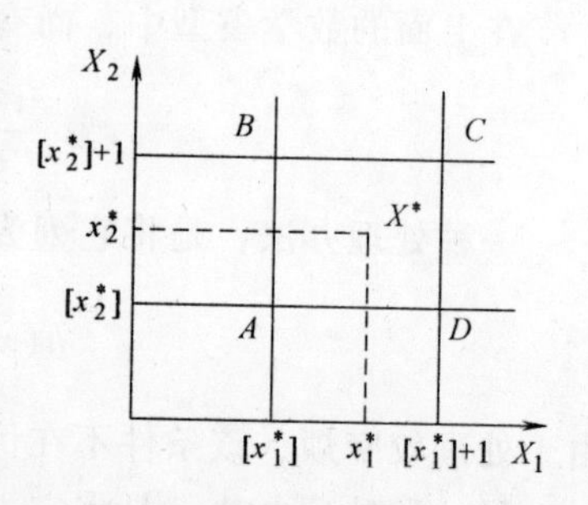

图 6-3 二维设计空间在最优解 X^* 周围的整型点群 A、B、C、D

就有 $2^2=4$ 个整型点，如图 6-3 上的点 A、B、C、D，它们由 $[x_1^*]$，$[x_1^*]+1$，$[x_2^*]$，$[x_2^*]+1$ 这四个整型参数所组成。

图 6-4 给出了 2K-H 型行星轮系优化设计用的参数圆整计算程序框图。

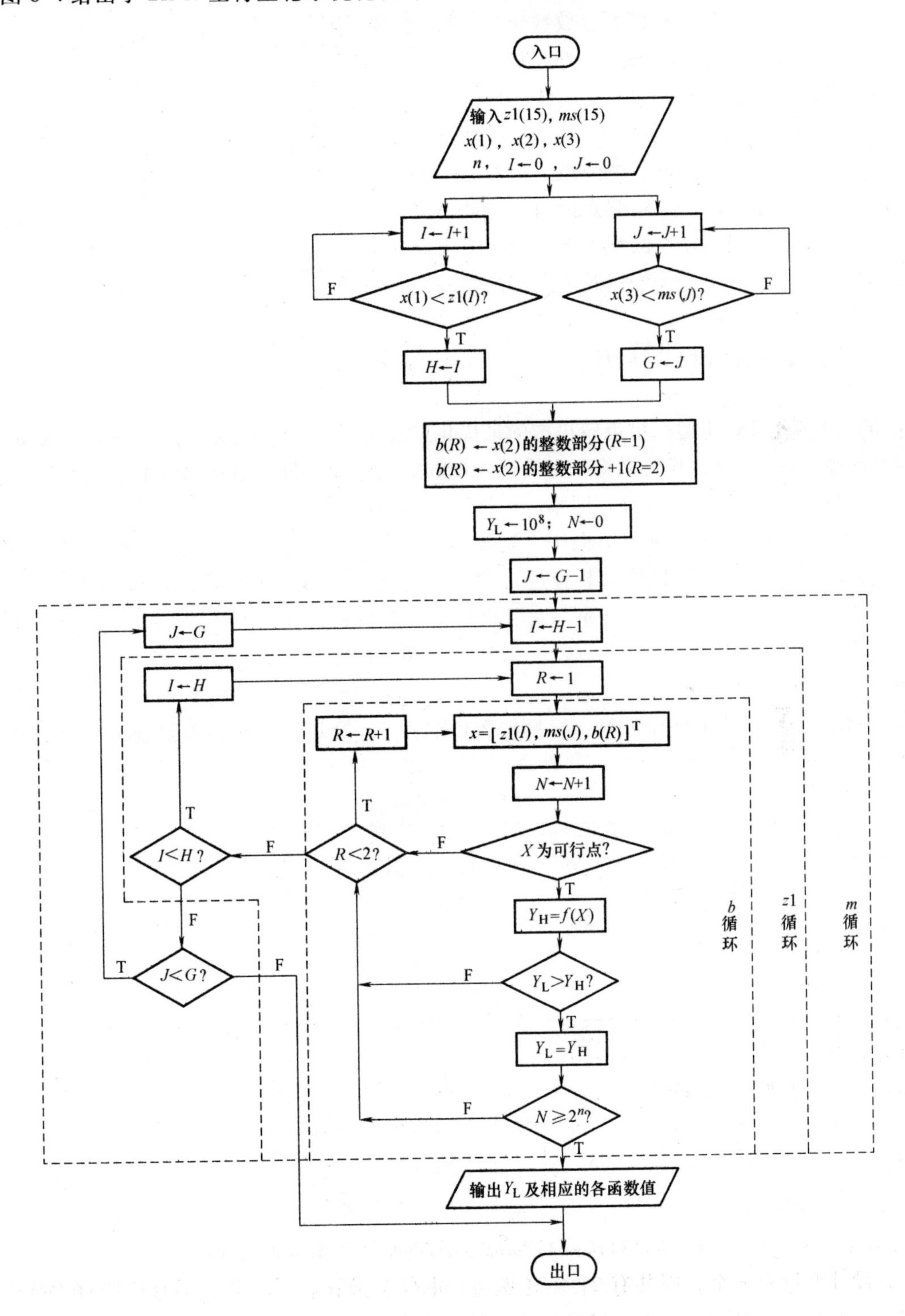

图 6-4　参数圆整计算程序框图

其中：

$x(1)$、$x(2)$、$x(3)$——最优解 X^* 的坐标值（分量）；

$z1(I)$——太阳轮齿数存放数组，I 为下标变量；

$ms\ (J)$——模数存放数组，J 为下标变量；

H、G——普通整型变量；

$z1(H-1)$、$ms(G-1)$——$x(1)$、$x(2)$ 的整数部分的值；

$z1(H)$、$ms(G)$——$x(1)$、$x(2)$ 向增大方向圆整的值；

$b(R)$——齿宽数组，R 为下标变量；

Y_L——圆整点函数值的最小值；

N——圆整点下标变化的循环变量；

Y_H——任一圆整点的函数值。

6.4 优化方法和计算举例

归结起来，2K-H 型行星齿轮机构的最优化过程可以分为三个阶段，首先是按照齿数选择的分程序选择齿数；其次是将所有设计变量看成是连续变量对目标函数求最小值；最后对所求得的最小值的各个参数进行圆整。可将这三部分组合到一个总程序中。

至于优化方法，选择随机方向法、复合形法、惩罚函数法、二次规划法均可。

例 6-1 对某行星齿轮传动装置进行参数优选，已知行星齿轮传动比 $i=4.64$，作用于太阳轮轴上的转矩 $M_1=1140\text{N}\cdot\text{m}$。太阳轮和行星轮材料均用 38SiMnMo 钢，表面淬火硬度为 45~55HRC，各轮齿数为 $z_1=22$，$z_2=29$，$z_3=80$，齿宽 $b=52\text{mm}$，模数 $m=5\text{mm}$，行星轮数 $C=3$。

现不改变原设计条件和材料，行星轮数仍取为 3，给定传动比误差限制 $\varepsilon=0.01$。首先按图 6-2 选出 15 组合格的参数，并以数组形式给出，见表 6-1。

表 6-1 配齿结果

z_1 (1 : 15)	18	22	26	27	30	31	35	36	39	40	41	43	44	45	47
z_2 (1 : 15)	24	29*	34	36	39	41	46	48	51	53	55	56	58	60	61
z_3 (1 : 15)	66	80	94	99	108	113	127	132	141	146	151	155	160	165	169

注：表中“*”表示与例题已知条件相同的一组数据。

采用复合形法优化结果为

$$X^*=\begin{pmatrix}x_1^*\\x_2^*\\x_3^*\end{pmatrix}=\begin{pmatrix}22.55436250\\53.25847038\\4.34610256\end{pmatrix}$$

目标函数值 $F\ (X^*)\ =2.50284211\times10^8\text{mm}^3$，比原设计方案减低了 18.5%。

在 X^* 点周围按图 6-4 程序框图对参数进行圆整，因 X 是三维变量，故最优解周围整型点有 $2^3=8$ 个，其中只有 6 个点满足约束条件，为合格点，圆整后合格点的数值见表 6-2。

表 6-2　圆整后合格点的数值

序号	z_1	b	m	目标函数
1	22	53	4.5	2.54056301×10^8
2	22	54	4.5	2.58849816×10^8
3	26	53	4	2.80366590×10^8
4	26	54	4	2.85656525×10^8
5	26	53	4.5	3.54838965×10^8
6	26	54	4.5	3.61534040×10^8

其中相对最优解为第一组数据，即

$$\boldsymbol{X}^* = \begin{pmatrix} z_1 \\ b \\ m \end{pmatrix} = \begin{pmatrix} 22 \\ 53 \\ 4.5 \end{pmatrix}$$

目标函数值 $F(\boldsymbol{X}^*) = 2.54056301\times10^8\text{mm}^3$ 比原设计方案减低了 17.3%。

通过计算表明，行星轮系传动参数优选后，可使其体积减小 10%～20%。同时，优化设计提供了一批目标函数值比较小的设计方案，可以从中选择。由此可见，优化设计结果不仅仅是提供了一个最优设计方案，而且对设计参数的优选提供依据，为改进产品设计指明方向。

6.5　行星齿轮减速器的均载方法

在保证各个零部件有较高制造精度的同时，在设计上采用能够补偿制造、装配误差以及构件在载荷、惯性力、摩擦力或高温下的变形，使各行星轮均衡分担载荷的机构是十分必要的。这种机构称为均载机构。

NGW 型和 NW 型行星传动常用的均载机构为基本构件浮动的均载机构，主要适用于具有三个行星轮的行星传动。它是靠基本构件（太阳轮、内齿圈或行星架）没有固定的径向支承，在受力不平衡的情况下做径向游动（又称为浮动），以使各行星轮均匀分担载荷。

6.5.1　均载机构分类

用高精度齿轮和提高其他主要构件（如行星架、机体等）的精度来达到行星轮间载荷均匀分配，这种方法获得的行星齿轮传动是一种静不定的完全刚性系统。因制造成本随精度的提高而显著增加，且装配比较困难，所以实际上只能对那些不能忽略的尺寸才用高精度严加控制。

均载机构通常按以下方法分类：

（1）基本构件浮动的均载机构　太阳轮、内齿圈、行星架其中之一浮动，或使上述其中两者同时浮动的均载机构。

（2）采用弹性件的均载机构　这种机构主要是通过弹性元件的弹性变形来使各行星轮受载均衡。如采用弹性薄壁内齿圈，内齿圈与机体之间用弹性销连接，行星轮用弹性支承等。

（3）杠杆联动均载机构　这种机构中装有带偏心的行星轮轴和连杆。当行星轮数目不同（如 $C=2$，3，4）时，采用不同的杠杆联动机构。

6.5.2 均载装置

本节介绍行星轮间载荷完全均匀分配的各种浮动原理和相应的行星齿轮减速器结构图。由这些结构可知，合理选择浮动件的组合，由于能减少旋转轴的支承、联轴器等，从而可简化减速器的结构。

1. 太阳轮浮动

太阳轮通过双联齿式联轴器与高速轴连接实现浮动（双联浮动）。由于太阳轮重量轻、惯性小、浮动灵活、结构简单、容易制造、通用性强，因此广泛用于低速传动。当 $C=3$ 时，均载效果最为显著。均载不平衡系数 $K_p=1.1\sim1.5$。图 6-5 所示为太阳轮浮动原理，图 6-6 是具有太阳轮浮动的单级行星减速器。

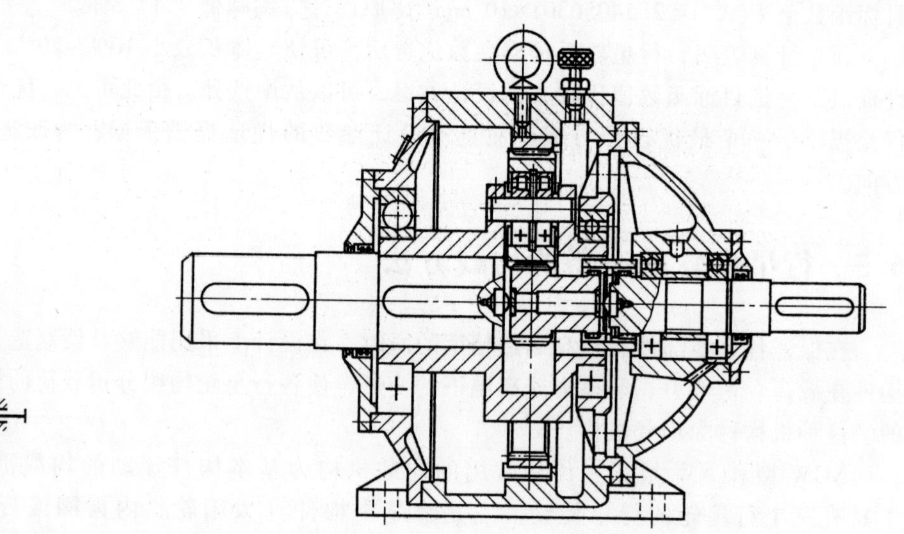

图 6-5 太阳轮浮动原理

图 6-6 单级行星减速器（太阳轮浮动）

太阳轮浮动的齿式联轴器，通常是单联齿（图 6-7a）或双联齿（图 6-7b）的实心或空心扭转轴与太阳轮做成一体。具有双联齿浮动的均载机构，对太阳轮最为有利。在这种结构中，由扭转变形引起的载荷沿轮齿的分布不均匀性大大减小。

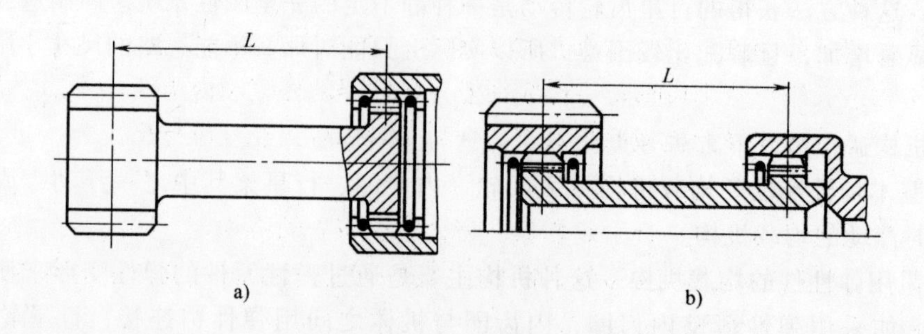

图 6-7 太阳轮联轴器的结构

a）单联齿 b）双联齿

2. 行星架浮动

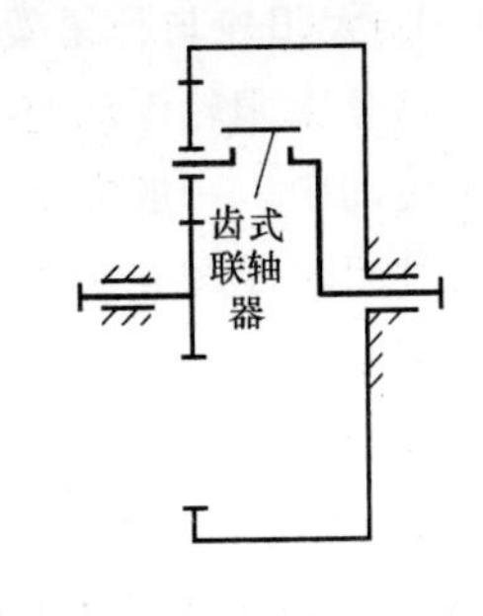

图 6-8　行星架浮动原理

行星架通过双联齿式联轴器与高、低速轴连接实现浮动。在NGW 型传动中，由于行星架受力较大（2 倍圆周力）而有利于浮动。行星架浮动不需支承，可简化结构，尤其有利于多级行星传动。但由于行星架自重大、速度高会产生较大离心力，影响浮动效果，所以常用于中小规格的中低速型传动中。一般 $K_p=1.15 \sim 1.25$。图 6-8 所示为行星架浮动原理，图 6-9 是具有行星架浮动的单级行星减速器。

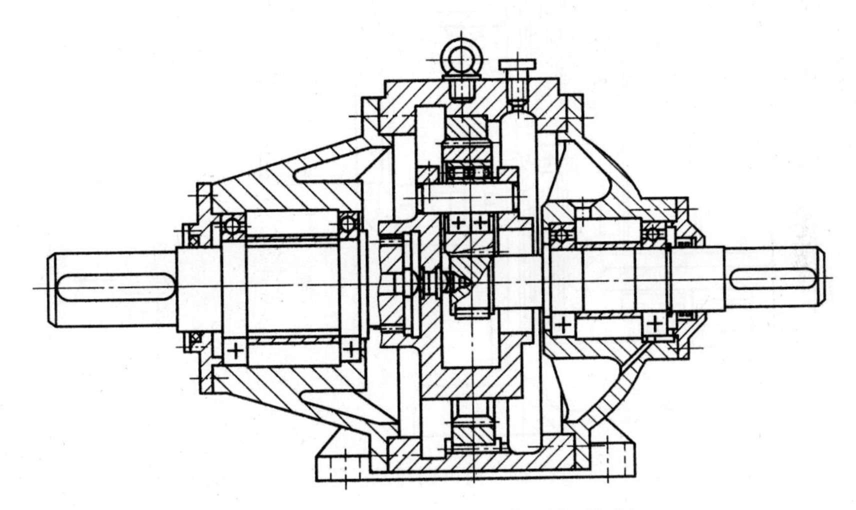

图 6-9　单级行星减速器（行星架浮动）

3. 内齿圈浮动

双联齿式联轴器将内齿圈与机体连接，使内齿圈浮动。内齿圈浮动的主要优点是可使结构的轴向尺寸较小，或使两个基本构件（如太阳轮和内齿圈）同时浮动，增强均载效果。但内齿圈浮动使行星轮间均载的效果不如太阳轮浮动好，并且浮动内齿圈所需的均载装置的尺寸较大、重量较重，加工也不方便。由于内齿圈尺寸较大、重量重，故灵敏性较差。一般 $K_p=1.1 \sim 1.2$。图 6-10 所示为内齿圈浮动原理，图 6-11 是具有内齿圈浮动的单级行星减速器（NW 型）。

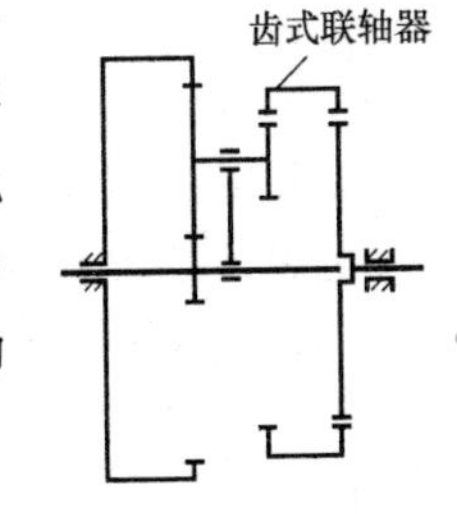

图 6-10　内齿圈浮动原理

浮动内齿圈的联轴器为两端带齿形接头的空心薄壁筒或锥形圆盘，为简化结构，也采用一端带齿形接头的联轴器，联轴器的外壳和内齿圈的轮缘制成一体。当轮缘的横截面相对于啮合为非对称时，在直齿行星齿轮减速器中，齿圈轮缘的翻转倾向较小。

浮动内齿圈轮缘的变形，会引起联轴器齿轮间载荷分配不均匀。因此，为了减小载荷分布的不均匀性，将联轴器的圆柱形外壳做成薄壁式，外壳截面的高度与平均半径之比不超过 0.02~0.04。

采用联轴器的轮齿直接切削在刚性机体上的浮动齿圈装置是很不合理的。在这种情况下，联轴器壳体不是柔性体，并且联轴器的载荷集中系数非常大。

4. 太阳轮与行星架同时浮动

这是太阳轮浮动与行星架浮动的组合。其浮动效果比各自单独浮动效果好，常用于多级行星传动中。一般 $K_p = 1.05 \sim 1.20$。图 6-12 所示为太阳轮与行星架浮动原理，图 6-13 是具有这种组合浮动的二级行星减速器。

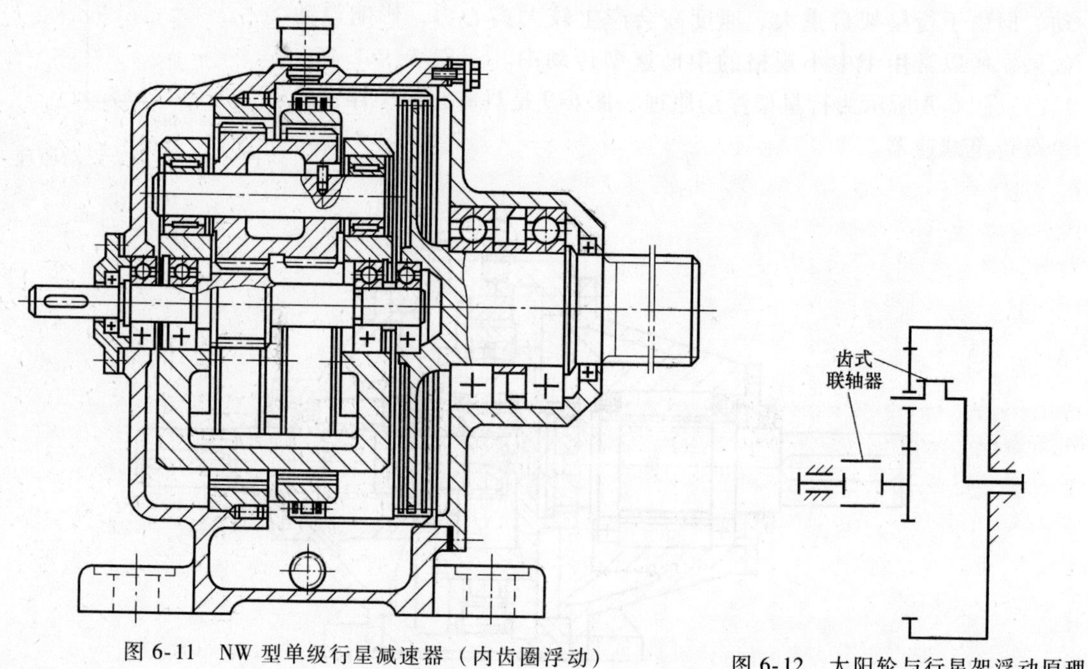

图 6-11　NW 型单级行星减速器（内齿圈浮动）

图 6-12　太阳轮与行星架浮动原理

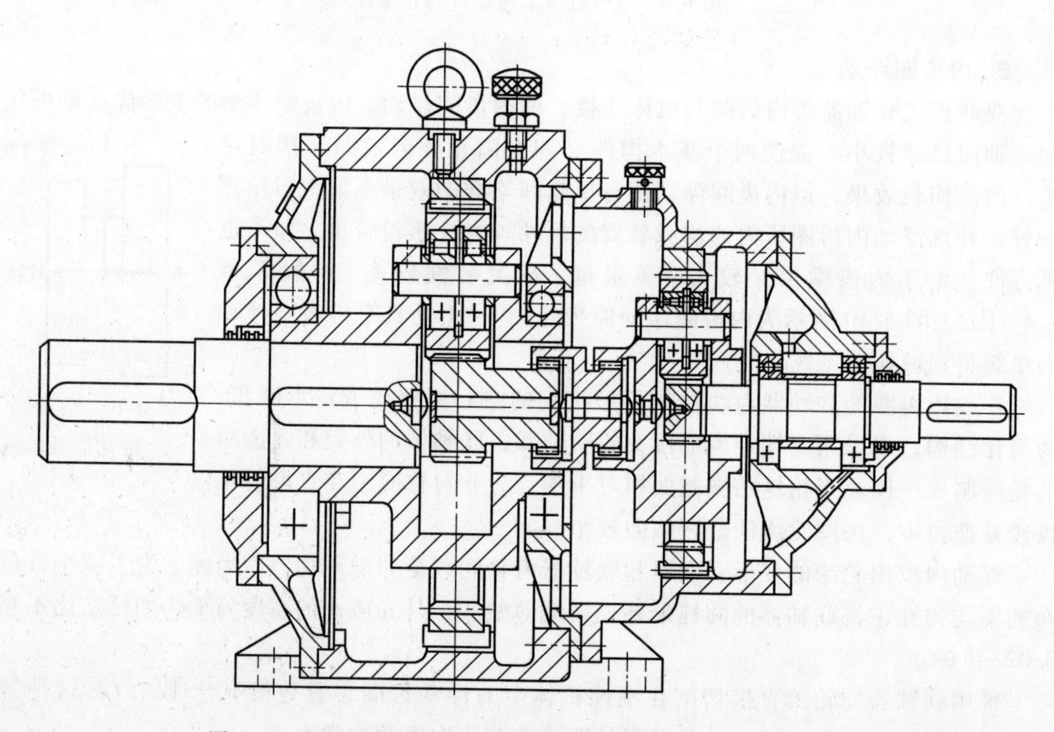

图 6-13　二级行星减速器（高速级太阳轮与行星架同时浮动）

6.5.3　均载方法与装置选择

在行星齿轮传动中，均载方法和均载装置结构的正确合理选择是一个很重要的问题，它不仅影响到行星轮间载荷均匀分配的程度，载荷沿齿宽方向均匀分布的程度，而且影响到传动的承载能力、传动工作的可靠性、预期的寿命和制造难易等，选择不好则将导致载荷集中，运转不平稳，冲击、振动、噪声大，制造装配困难，使行星齿轮传动预期的优点不能体现。因此，均载方法和均载装置的选择与设计应遵循以下原则：

1）应适合传动总体布局的要求。如图6-6所示的单级NGW型减速器，若输入轴转矩由电动机直接输入，则太阳轮宜用双联齿式联轴器使其浮动。又如，在多级NGW型减速器中，宜用齿式联轴器使第一级行星架和第二级太阳轮，以及第二级行星架和第三级太阳轮联合浮动，以实现各级行星轮间载荷均配。为了使载荷沿齿宽方向均匀分布更为有利，行星轮可安装在调心轴承上（无多余约束的浮动），这对提高行星齿轮转动寿命和工作可靠性是有效措施。因此，均载系统的选择取决于整体传动装置的布局，随具体情况不同而异。

2）应有良好的运动学和动力学性能。所选定的均载方法和均载装置在工作时，应足以补偿制造中的各项误差。当采用基本构件浮动或调整行星轮位置，或者靠构件的弹性变形等来补偿制造误差时，最好均能以较小的位移量补偿误差，从而实现行星轮间载荷均匀和载荷沿齿宽方向均布。同时还应保证输入轴与输出轴间均匀运动的传递。均载装置中的构件调位时，惯性力、振动和噪声要小，动载荷要小，要具有缓冲、减振性能，以提高工作平衡性，并且均载装置的效率要高。

3）应工作可靠、结构尺寸小、重量轻、成本低廉。均载装置工作的可靠性要高，体积较小，重量要轻，特别是浮动构件的重量要轻，既可减小离心力影响，又使浮动灵敏。在满足均载条件下，对均载装置各构件的精度要求要低，各构件力求简单，便于制造，使之具有良好的经济指标。

4）应具有良好的均载性能。整个装置均载灵敏度要高，并可实现所需要的径向、轴向、角度位移及综合位移，确保载荷在行星轮间均匀分配，以及载荷沿齿宽方向均匀分布。一般浮动构件受力越大，重量越轻，则灵敏度越高，均载效果越好。

5）传动装置的结构尽可能实现空间静定状态，能最大限度地补偿误差，使行星轮间的载荷分配不均衡系数K_p值和沿齿宽方向的载荷分布不均匀系数$K_{H\beta}$值最小。

6）均载机构的离心力要小，以提高均载效果和传动装置运转的平稳性。

7）均载机构的摩擦损失要小，效率要高。

8）均载机构在均载过程中的位移量要小，即均载机构补偿的等效误差数值要小。由分析可知，行星轮和行星架的等效误差比太阳轮和内齿轮要小。

9）应有一定的缓冲和减振性能。

10）要有利于传动装置整体结构的布置，使结构简化，便于制造、安装和使用维修。在多级行星传动设计中，考虑这一要求尤其重要。

11）要有利于标准化、系列化产品组织成批生产。系列设计中均载机构形式不应过多，以1~2种为宜。

设计中应按具体条件选用最适宜的均载机构。必须指出，不宜随意增加均载环节，以免造成结构的复杂和不合理。发展趋势是大力简化均载机构，同时利用基本构件自身的弹性变形实现均载。均载机构可以补偿制造误差，但不能代替传动必要的制造精度，过低的精度会降低均载效果，导致运转时的振动和噪声，严重时会导致传动的失效。

总之，在选择均载方法与装置时，应根据具体的技术要求和使用条件，考虑上述原则，进行综合分析比较后选定。应使最后选定的均载装置满足结构简单、工作可靠、均载性能好，外廓尺寸较小，重量较轻，承载能力和效率高，成本最低等。

6.6 浮动用齿式联轴器设计

行星齿轮减速器的基本构件广泛采用齿式联轴器，以保证基本构件在运动中能够适当地浮动，补偿制造误差所需的径向活动度。

6.6.1 浮动用齿式联轴器的结构设计

浮动用齿式联轴器有单齿和双齿两种结构。单齿联轴器（图 6-14）要有足够的长度 L_g，否则会引起齿轮轮齿上的载荷分布系数 K_β 增大。

太阳轮浮动用双联齿式联轴器如图 6-15 所示，双联齿式联轴器的结构比单齿联轴器的结构复杂，但它可以使浮动齿轮具有倾斜和径向平移两种运动可能，这有利于减小 K_β 值。对传动比较小，太阳轮直径较大的 NGW 型传动，采用图 6-15a 所示的结构比图 6-15b 所示的结构更为有利。

联轴器及被浮动件的轴向定位，通常采用圆形截面（图 6-16）或矩形截面（图 6-14）的弹性挡圈，也可采用球面顶块定位（图 6-15b）。

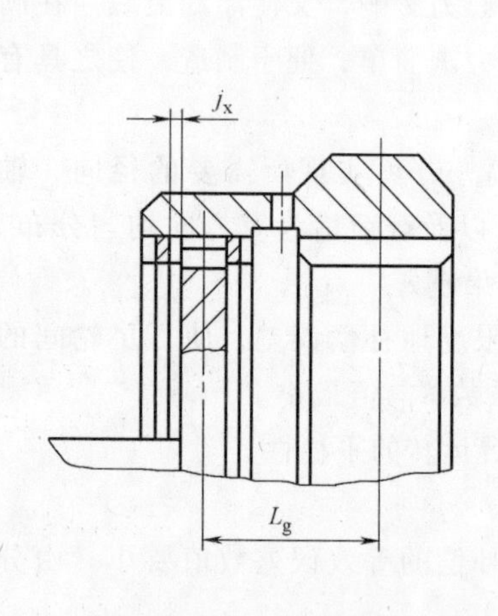

图 6-14 单齿联轴器

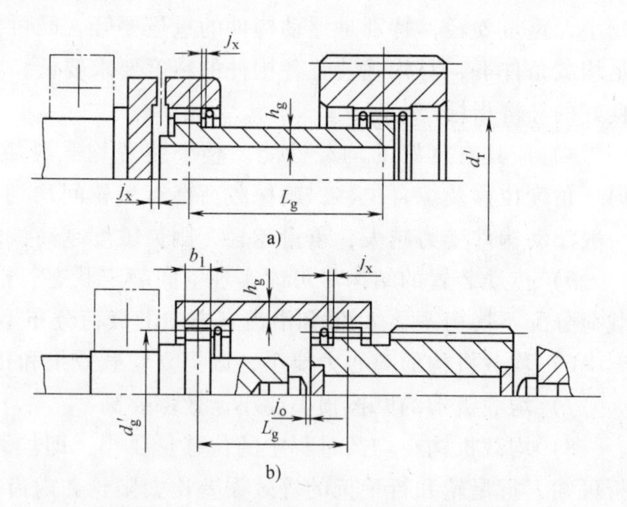

图 6-15 太阳轮浮动用双联齿式联轴器

为了保证构件浮动的自由度，弹性挡圈与齿轮端面之间的轴向间隙取为 $j_x = 1 \sim 1.5\text{mm}$，球面顶块两端的轴向间隙取为 $j_o = 0.5 \sim 1.5\text{mm}$。

为减小由于内齿轮轮缘变形引起的联轴器轮齿间载荷不均匀现象，内齿轮浮动用联轴器的外壳应做成薄壁的，外壳截面厚度 h_g 与其中性层的半径 ρ 的关系为

$$h_g \leqslant 0.02\rho \tag{6-17}$$

图 6-17 为浮动式联轴器齿套零件图。

浮动用齿式联轴器，按其轴套的轮齿在齿宽方向的截面形状，又有直齿和鼓形齿之分，如图 6-18 所示。

直齿的加工简单，但允许倾斜角小，一般不大于 30′，工作时容易产生轮齿的端部受载，齿面磨损大，强度和寿命较低。

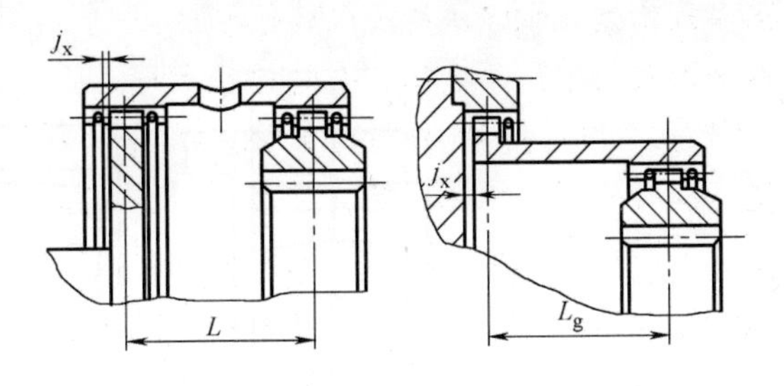

图 6-16　内齿轮浮动用双联齿式联轴器

鼓形齿的允许倾斜角较大，一般可达 2°左右，其轮齿的受力情况好、浮动灵敏、强度和寿命均较直齿的有所提高。行星齿轮传动机构中的浮动用联轴器，工作时的实际倾斜角很小，一般不超过 30′，所以将鼓形齿联轴器用在均载机构中的目的，实质上不是为了得到大的倾斜角，而是为了改善轮齿受力状态，提高浮动均载效果，延长使用寿命。

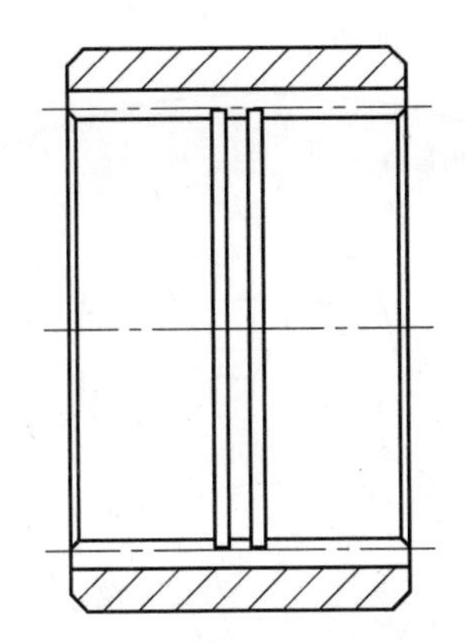

图 6-17　浮动式联轴器齿套零件图

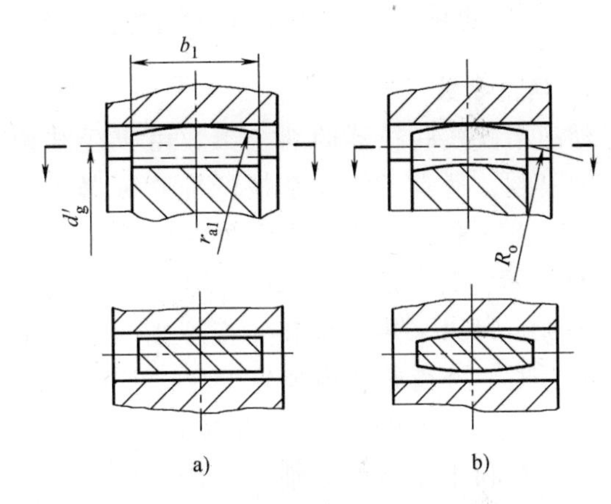

图 6-18　联轴器的轮齿截面形状

a）直齿　b）鼓形齿

与内齿轮（或行星架的外圆）做成一体的浮动用联轴器的齿，其齿宽很窄，常取 $\frac{b_1}{d'_g}=0.01\sim0.03$（$b_1$ 为联轴器外齿齿宽，d'_g为联轴器轮齿节圆直径）。当其轴线倾斜时，对联轴器齿宽方向的载荷分布影响不大，因此可以设计成直齿。在外啮合太阳轮上或行星架端部直径较小而承受转矩较大的联轴器，其齿宽较大，常取$\frac{b_1}{d'_g}=0.2\sim0.3$，采用鼓形齿比较合适。

在结构条件允许的情况下，应尽量增大联轴器的分度圆直径 d 和长度 L_g，其齿宽 b_1 按强度计算确定。内齿圈的齿宽 b_2 稍大于 b_1，通常取 $b_2=(1.15\sim1.25)b_1$。

齿式联轴器的定心方式有外径定心和齿侧定心（齿形定心）两种，如图 6-19 所示。外径定心是指以外齿轴套齿顶圆直径 d_{a1} 定心，它与内齿圈的齿根圆直径名义值相等（$d_{a1}=d_{f2}$），并做成半径 $r_{a1}=d_{a1}/2$ 的球面。直径之间的配合一般采用 F9/h8 或 F8/h7，被浮动齿轮为柔性轮缘时其配合间隙可略小一些。

采用齿侧定心时，直径 d_{a1} 和 d_{f2}之间有较大间隙，外齿轴套的齿顶圆可以是球面的，也可以是圆柱的。齿侧定心的好处是有自动定心作用，有利于联轴器的齿间载荷分布。

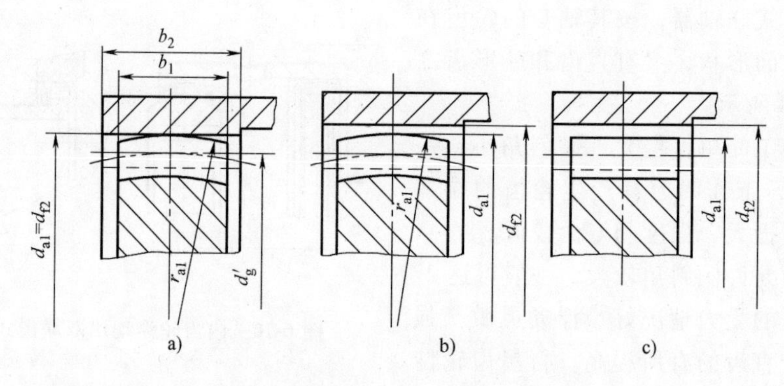

图 6-19 定心方式

a）外径定心 b）、c）齿侧定心

6.6.2 浮动用齿式联轴器的啮合参数与几何尺寸计算

1. 啮合参数

浮动用齿式联轴器的啮合参数由于受结构条件的限制，通常不能完全按标准联轴器的规格套用。齿式联轴器的内齿和外齿啮合关系如图 6-20 所示。其齿形角 $\alpha=20°\sim30°$，最常用的是 $\alpha=20°$。可以采用变位和非变位啮合，采用变位啮合时，外齿轮和内齿轮的变位系数 x_1 和 x_2 大小相等，方向相同，一般可取 $x=0.3\sim0.5$。这种变位有利于提高外齿轴套的齿根强度，因为内齿的齿根抗弯截面较大，变位后使两者趋向等强度。对于齿数较少的内齿圈，变位还有利于避免插齿时的顶切现象。

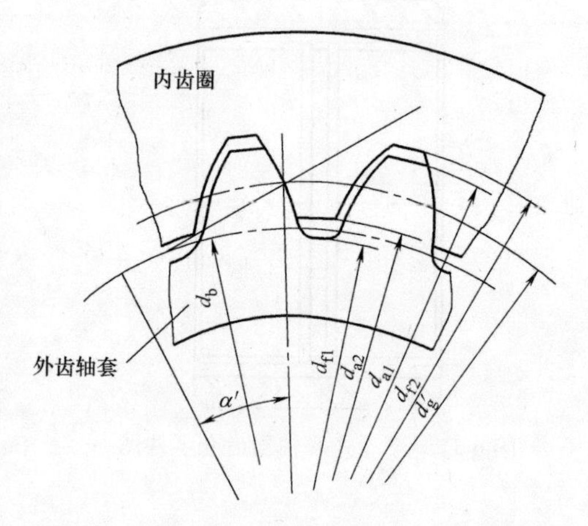

图 6-20 齿式联轴器的内齿和外齿啮合关系

2. 几何尺寸计算

变位后主要几何尺寸的计算：

分度圆直径

$$d_1=d_2=mz \tag{6-18}$$

齿顶圆直径

$$d_{a1}=mz+2m(h^*_{a1}+x) \tag{6-19}$$

$$d_{a2}=mz-2m(h^*_{a2}-x) \tag{6-20}$$

齿根圆直径

$$d_{f1}=mz-2m(1.25-x) \tag{6-21}$$

$$d_{f2}=mz+2m(1.25+x) \tag{6-22}$$

齿廓平均压力角

$$\cos\alpha'=\frac{z\cos\alpha}{z+2x} \tag{6-23}$$

式中，h^*_{a1}、h^*_{a2} 分别为外齿和内齿的齿顶高系数，常用值为 0.8 和 1.0。

为避免内齿顶圆小于基圆，当 $z<35$ 时，可按下式验算

$$h^*_{a2}\leqslant\frac{z(1-\cos\alpha)}{2}+x \tag{6-24}$$

6.6.3 浮动用齿式联轴器强度计算

浮动用齿式联轴器的失效形式主要是齿面的磨损和点蚀，断齿的可能性较小。一般按齿面挤压或接触强度计算即可，轮齿的抗弯强度一般可不进行计算。

6.6.4 鼓形齿参数设计

（1）鼓形齿分度圆直径 d

$$d \approx d_1 K_G \tag{6-25}$$

式中，d_1为太阳轮分度圆直径；K_G为修正系数，考虑尺寸随承载能力的变化，可按表 6-3 取值。

表 6-3 鼓形齿分度圆直径修正系数 K_G

传动比	≈3.55	4~5	5.6	6.3	7.1	8	9
K_G	0.9	1.0	1.07	1.15	1.22	1.30	1.35

（2）齿廓及定心方式 通常采用渐开线齿廓，齿形角 $\alpha \approx 20°$，外齿为鼓形齿。内部鼓形齿连接一般采用齿形定心方式，顶隙为 0.25m 左右，如图 6-21 所示。齿廓变位系数 $x=0\sim0.5$。

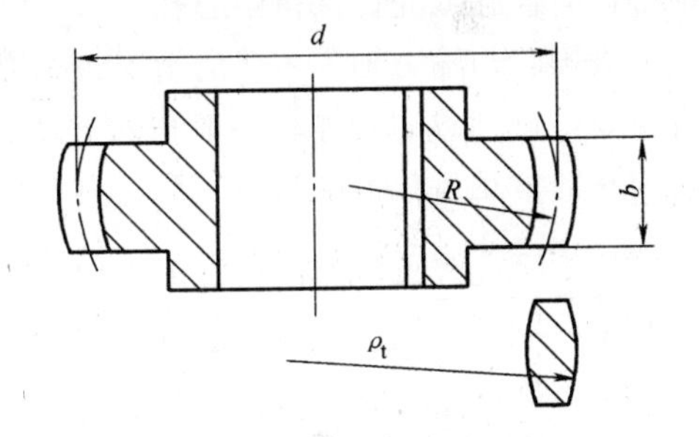

图 6-21 鼓形齿示意图

（3）鼓形齿的刀具位移圆半径 R

$$R=\Phi_R d \tag{6-26}$$

式中，Φ_R为刀具位移系数；d 为分度圆直径。

刀具位移系数 $\Phi_R=0.5\sim1.25$，常用值 $\Phi_R \approx 0.9$。

一般内部鼓形齿工作偏转角 ω 不超过±0.5°，Φ_R最大可取 1.2 左右。

齿顶圆弧半径 R_a 一般为：$R_a=R+h_a$（齿顶高），也可取适当稍小的 R_a 值（注意几何偏斜时保证正常的接触区位置）。

（4）齿宽系数 Φ_b

$$\Phi_b=b/d \tag{6-27}$$

式中，b 为有效齿宽。一般取 $\Phi_b=0.2$。

鼓形齿模数、啮合角、变位系数、齿顶和齿根高系数均为端面参数。

（5）齿数 推荐采用相对较少的齿数，使有效齿宽不超过齿根厚度的 4 倍左右，近似为

$$z \leqslant 7.5/\Phi_b \tag{6-28}$$

最少齿数的选择主要从内齿套的加工方面考虑，通常 z 不小于 28。

为了加工测量方便一般采用偶数齿数。当 $\Phi_b \approx 0.2$ 时，建议选用 $z=28\sim38$（42），并为偶数齿数。

（6）模数 为了减少制造方面的麻烦，尽量采用最常用的标准模数系列中的第一系列模数。系列设计时为减少插齿刀的规格种类，应统筹考虑，如模数系列采用优先数 R20/3

系列化整的标准模数（…、2、3、4、6、8、12、…）。

6.7 行星减速器主要部件设计

6.7.1 太阳轮设计（外啮合）

用齿式联轴器浮动的太阳轮，可以是一端带浮动的外齿轮，如图 6-22、图 6-23 所示；当太阳轮直径较大时，可做成带浮动的内齿轮。当太阳轮不浮动时可以简支在机体和行星架上，或悬臂支承在机体上。根据齿轮的大小，可以做成齿轮轴，也可以做成中空齿轮，用键或花键装在轴上。由于行星传动中往往有三个以上的行星轮对称布置，太阳轮上的横向力在有均载措施的情况下基本是平衡的，所以太阳轮的轴不存在抗弯强度问题。

圆柱齿轮与鼓形齿过渡部分。过渡直径尽可能取较大值，略小于两端的齿根圆直径；过渡部分的长度最小值按圆柱齿轮磨齿、鼓形齿滚切时，不会产生正常的越程、退刀障碍条件验算。过渡部分的长度也不宜太短，一般不小于直径的 1/2。为制造加工装夹方便，太阳轮中心留有通孔或允许保留中心孔。

太阳轮与输力轴为一体的情况，过渡轴长度取长一些，若采用有助于均载的弹性轴，其直径要经过细致的验算，一般扭转剪切应力 $\tau<250\text{MPa}$（与材料、表面状况等关系较大）。太阳轮的常见齿数范围为 16~35，典型精度等级为 6 级。

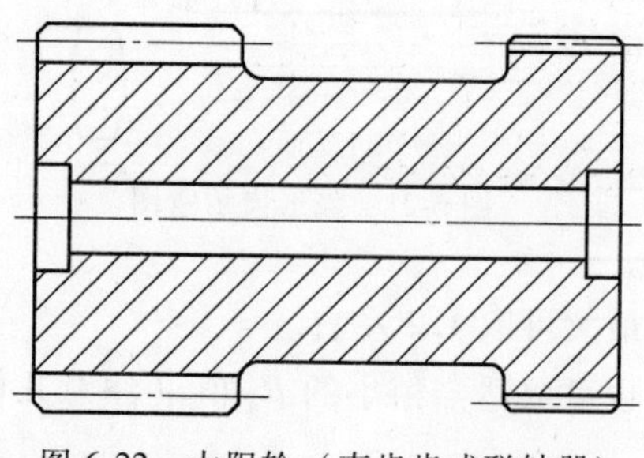

图 6-22 太阳轮（直齿齿式联轴器）

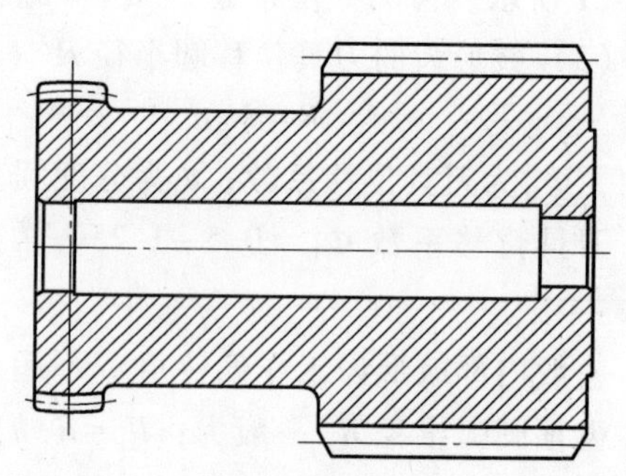

图 6-23 太阳轮（鼓形齿齿式联轴器）

6.7.2 内齿圈（内齿轮）设计

不旋转也不浮动的内齿轮常用平键、圆销或螺栓连接在机体上，如图 6-24 所示，且与机体有精确的配合。有时为了保证制造精度，直接把内齿轮加工在机体上，这时机体的材料就按齿轮的要求确定。当用外齿套联轴器浮动时，内齿轮与浮动齿套相啮合的齿，其参数可与内齿轮相同，以便于加工。当用内齿套联轴器浮动时，浮动齿在内齿轮的外缘。总之，内齿轮的结构与安装方式和均载机构类型有关。

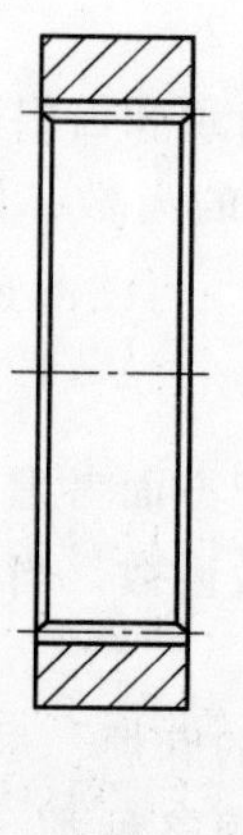

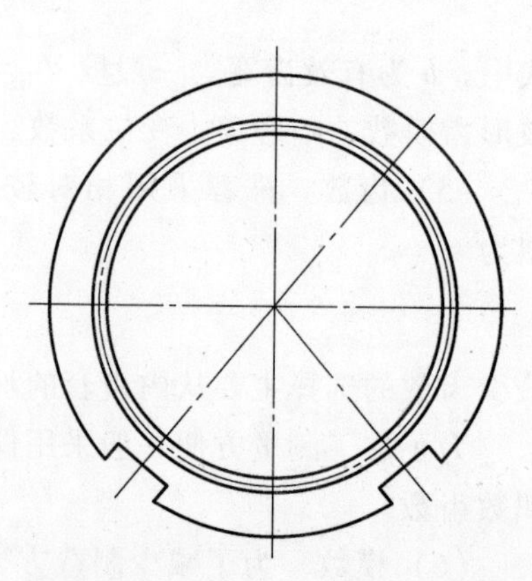

图 6-24 内齿圈

在箱体中与壳体配合，并采用键连接的内齿圈配合直径 D_0 可按下述经验公式取值：

$$D_0 = (1.22 \sim 1.24)\, d_3 \tag{6-29}$$

式中，d_3 为内齿圈分度圆直径。

内齿圈与壳体用骑缝销连接时，配合直径 D_0 可适度减小，最薄弱处的厚度一般不小于全齿高的 1.2 倍。内齿圈上需要吊装孔时，螺栓孔的规格按起吊规范制作，螺栓孔边缘与齿根的距离不小于全齿高。内齿圈的有效截面尺寸为 100～200mm。若采用 42CrMo 制造，应注意采取相应的措施，或经强度验算证实可酌情降低硬度要求。内齿圈的常见齿数范围为 70～125，典型精度等级为 7 级。模数一般采用标准系列值，齿形角多采用 20°。

6.7.3　行星轮设计

行星轮的结构根据传动形式、传动比大小、轴承类型及轴承的安装形式而定。行星轮多做成中空的齿轮，以便在内孔中装置行星轮轴或轴承。为减小行星轮之间的尺寸差，可将同一传动中的行星轮成组一次加工。直齿和斜齿行星轮依靠轴承或齿轮端面做轴向定位；行星轮的内孔直径根据所选轴承或孔中轴的配合直径确定，内孔边缘距离齿根的最小厚度一般不小于全齿高的 1.2 倍，即模数的 3 倍左右。行星轮的两端留出直径稍小于齿根圆的加工找正凸台（宽度为 3～5mm），有利于加工和提高制造质量。行星轮结构如图 6-25 所示。

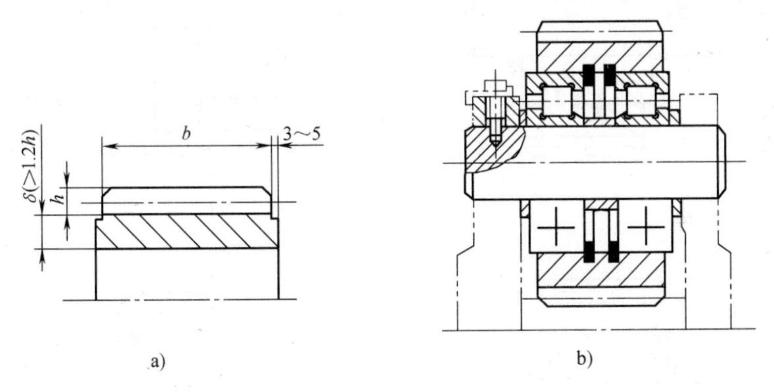

图 6-25　行星轮结构

a）行星轮轮缘尺寸　b）行星轮装配结构

6.7.4　行星轮的支承

在行星传动机构中，行星轮上的支承所受载荷最大。在一般用途的低速传动和航空机械的传动中用滚动轴承作为行星轮的支承。在长期运行的、大功率固定式装置行星传动、船舶行星传动及高速传动中，滚动轴承往往不能满足使用寿命的要求，所以要采用滑动轴承来支承行星轮。此外在径向尺寸受到限制或速度很高，从而滚动轴承的寿命不足时，也常采用滑动轴承。

图 6-26 是常见的采用滚动轴承的行星轮支承结构。为了减小传动装置的轴向尺寸，轴承直接装入行星轮孔中，但由于轴承外圈旋转其使用寿命要有所降低（球面轴承除外）。

对于直齿的 NGW 型传动，行星轮中也可装一个滚动轴承，但该轴承必须是内外圈之间不能相对轴向移动的，如深沟球轴承、球面调心球轴承和球面调心滚子轴承等。对于行星轮为斜齿轮和双联齿轮的情况，不允许装一个滚动轴承，因为行星轮受啮合力产生的倾翻力矩的作用。

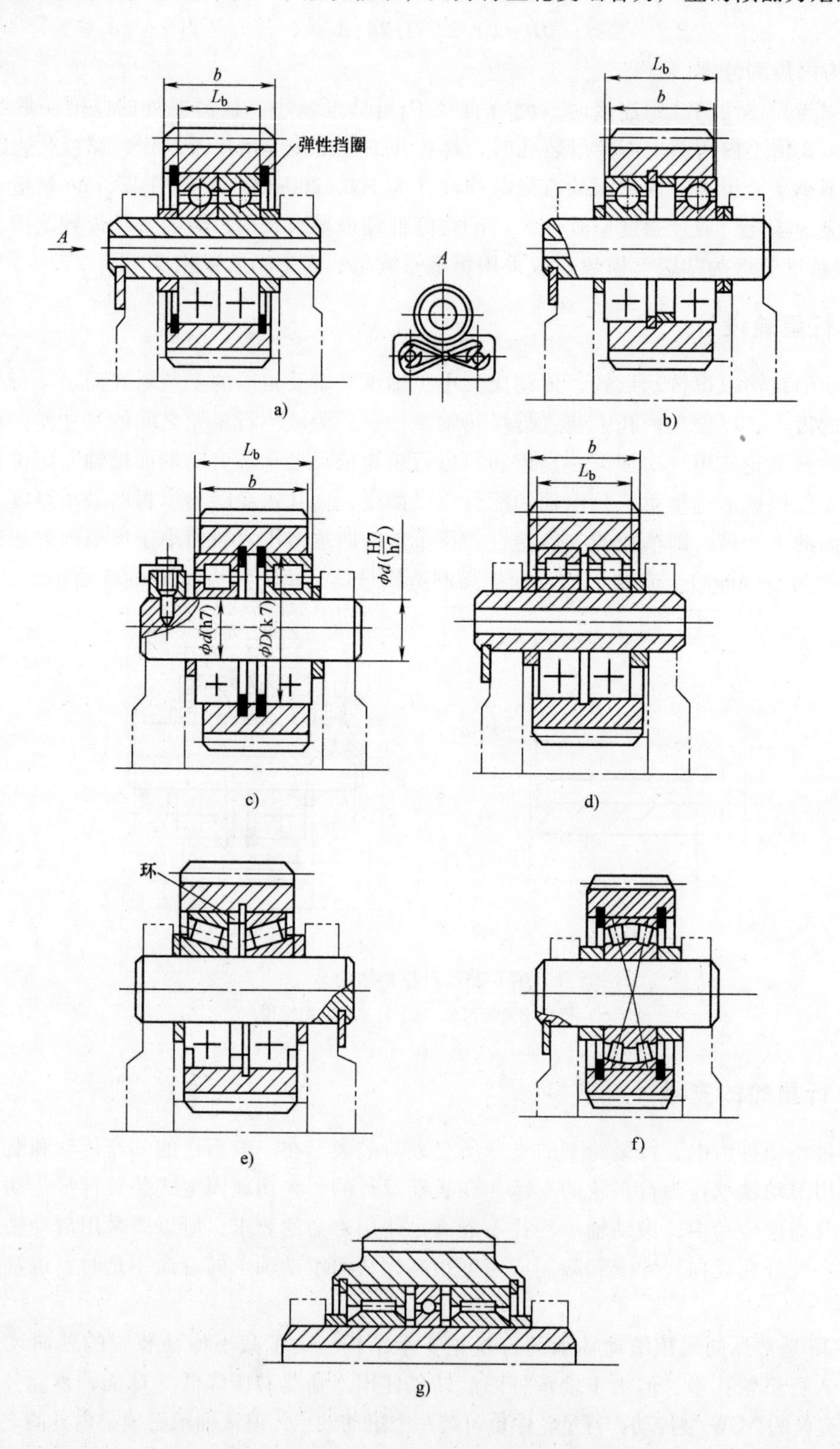

图 6-26　采用滚动轴承的行星轮支承结构

为了减少由制造误差和变形引起的沿齿长载荷分布不均匀，行星轮内装一个球面调心轴承是很有利的（图 6-26f）。但应注意，此时传动中的浮动构件只能有一个，并要计算机构自由度，不能有多余自由度存在。

一般情况下，行星轮内可装两个滚动轴承（图 6-26a、b、c、d、e）。为了避免轴承在载荷作用下，由于初始径向游隙和配合直径的不同而产生行星轮倾斜，预先对轴承进行挑选配对是有必要的。还可将轴承之间的距离加大，以减小这种倾斜，如图 6-26 b、c 所示。

为了使行星轮和轴承之间轴向定位，采用矩形截面的弹性挡圈（图 6-26a）是最恰当的。为增强弹性挡圈抵抗在载荷作用下轴承外圈倾斜的能力，可在弹性挡圈与轴承外圈之间加一不倒角的环（图 6-26e）。

当行星轮直径较小，装入普通标准轴承不能满足承载能力要求时，可采用专用的轴承，如图 6-27 a、b、d 所示的去掉两个或一个座圈的滚子轴承和滚针轴承的结构。在这种情况下，轴外表面和行星轮内孔可直接作为轴承的滚道（滚道需精磨）。用于这种结构的轴和齿轮常采用合金渗碳钢来制造，以保证硬度为 61~65HRC。

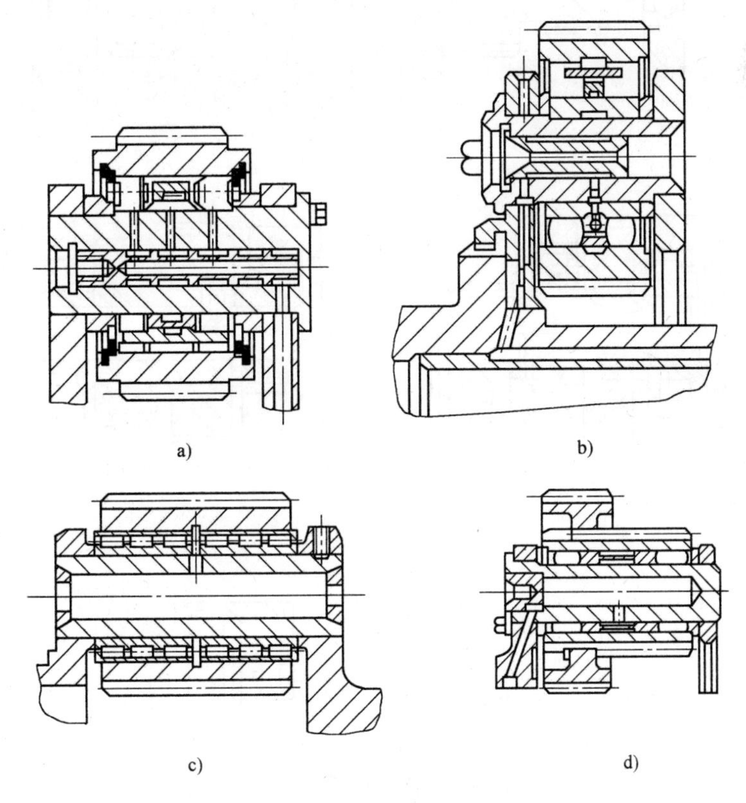

图 6-27 采用专用轴承的行星轮支承结构

在速度较低的行星传动中，还可采用减薄内外圈厚度、去掉保持架、增大滚动体直径和数量的多排（如三排）专用滚子轴承，如图 6-27c 所示，这种轴承的润滑必须充分。

将滚动轴承装在行星架上的方法（图 6-28）可以解决因轴承径向尺寸大、行星轮体内无法容纳的困难，这时为了装配的可能性，行星架往往要做成分开式的。这种结构的轴承之间距离较大，由轴承径向游隙不同而引起的行星轮的倾斜将减小。这种支承方式的缺点是结构复杂、径向尺寸大。

图 6-28a~g 分别表示行星轮的支承采用深沟球轴承（图 6-28a）、带端面定位的深沟球轴承（图 6-28b）、圆柱滚子轴承（单行星轮结构，图 6-28c）圆柱滚子轴承（双联行星轮结构，图 6-28d、e）、圆锥滚子轴承（图 6-28f）、滚针轴承（图 6-28g）的不同结构形式。

行星轮的支承若采用两个可以轴向调整的轴承，如图 6-28f 所示的圆锥滚子轴承，其工作性能取决于轴向调整的准确性。对于行星轮为斜齿轮和双联齿轮的情况，因为有倾翻力矩的作用，轴向调整的可能性尤为重要。为简化装配时的调整工作，无特殊需要时一般应尽量采用不需要轴向调整的轴承，如短圆柱滚子轴承、滚针轴承等。

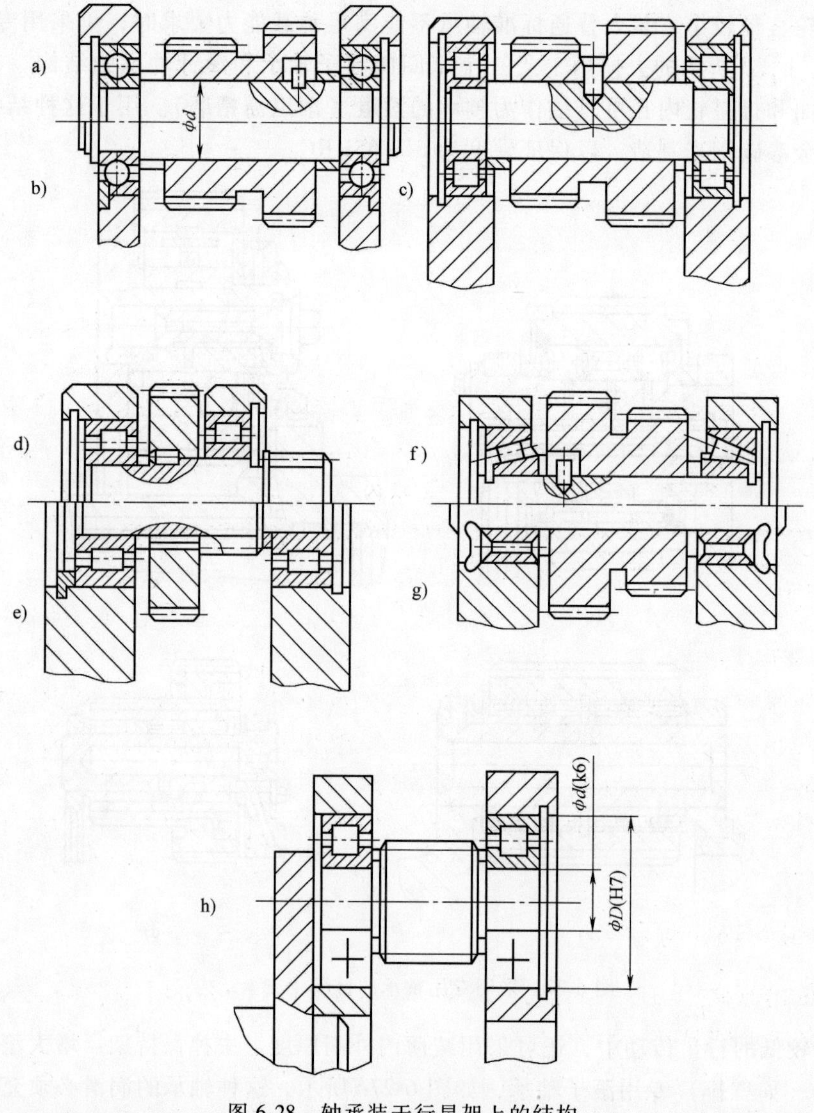

图 6-28　轴承装于行星架上的结构

图 6-28h 所示表示了滚动轴承的内圈与行星轮轴的配合、外圈与行星轮内孔或行星架的配合代号。选择配合的原则是，相对于作用在轴承上的力矢量旋转的座圈应配合紧一些，反

之配合应松一些。

图 6-29 是被广泛采用的行星轮滑动轴承结构。它的特点是将耐磨材料（巴氏合金）施加在行星轮轴上，而不是在行星轮孔里压入轴承套。行星轮轴上巴氏合金的厚度一般控制在 1mm 左右，最大不超过 3mm。随着巴氏合金层厚度增加，其疲劳强度将下降。有时在行星轮轴表面先镀一层铜然后再挂巴氏合金，以使硬度、散热、热膨胀等性能形成一梯度，有利于提高巴氏合金的抗疲劳性能。

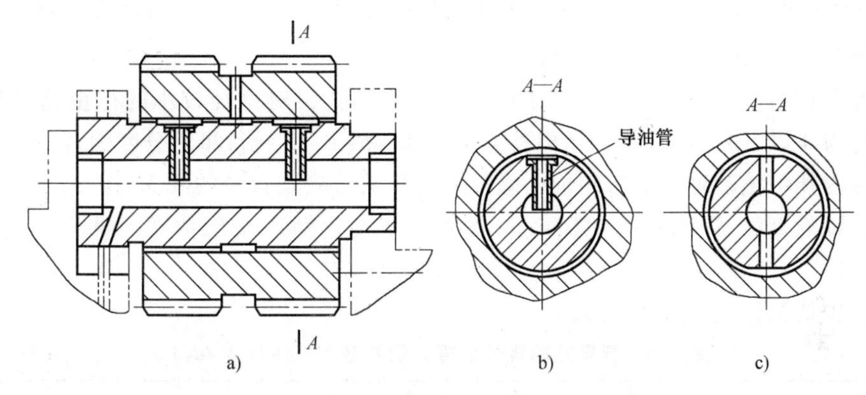

图 6-29　行星轮滑动轴承结构

由于行星轮内孔表面相对于作用在轴承上的力是旋转的，而行星轮轴是不转的，所以巴氏合金层的挤压是不变的，因而可提高轴承的承载能力和疲劳寿命。另外，这种轴承有利于提高行星轮的精度，因为行星轮是以精加工后的孔作为基准来切齿的。而在行星轮孔中压入轴套的结构，其轴套上巴氏合金层的加工要以齿轮作为定位基准，从而降低了制造精度（如齿圈径向圆跳动误差增大等）。同时轴套内表面是在变载荷下工作的，故降低了巴氏合金的疲劳强度和寿命。

当滑动轴承的长径比 $l/d=1\sim1.5$ 时，可将其分成独立的两段，在每段的中部有导油孔和油沟。对于行星架旋转（包括正反转）的行星传动，导油孔的方向为沿行星架半径方向从行星轮轴中心通向外侧（图 6-29b），其油流方向与离心力方向相同。对于行星架不旋转的行星传动，导油孔为行星轮轴上沿行星架半径方向的通孔，即油流可从上、下两个方向同时导入（图 6-29c）。在行星架旋转过程中，导油管起到隔离和滤除杂质的作用。行星轮轴表面上的油沟会降低轴承的承载能力，但它能使油流量增加，促使轴承温升降低。

6.7.5　行星轮轴和轴承

行星轮轴的弯曲应力一般不超过 150MPa，直径大于 100mm 时控制在 100MPa 以下为宜。行星轮轴的直径与轴承有关。

轴承的直径尺寸应随行星轮的直径尺寸近似呈线性变化。

在重载行星传动中，一般需要选择承载能力较高的轴承来充当行星轮轴承，如短圆柱滚子轴承、球面滚子轴承等。

行星轮内孔的最大直径一般只能达到齿轮分度圆直径的 3/5~4/5，具体比值与齿轮的齿数有关，见表 6-4。

表 6-4　行星轮内孔的最大直径与齿轮分度圆直径之比 k（近似值）

齿数 z_g	20	25	30	35	40	45	50	60
k	0.60	0.68	0.73	0.77	0.80	0.82	0.84	0.86

当行星轮的齿数较少，大约在 30 以下时，滚动轴承在内孔中放置较难满足寿命要求。再者，行星轮轴的直径尺寸也应随行星轮的直径尺寸近似呈线性变化。根据工业应用实践，行星轮内孔设置的轴承直径范围如下：

轴承内孔直径≥0.3×行星轮分度圆直径；

轴承外圈直径≤0.7×行星轮分度圆直径。

对设置在行星架上的轴承，其内孔直径可适当加大，对直径较小的行星轮（即传动比较小，大约为 4 以下时），常取轴承内孔直径=(0.45~0.55)×行星轮分度圆直径。

行星轮内孔中滚动轴承的常用内孔直径为行星轮分度圆直径的 0.32~0.35。

行星轮轴的直径 d_0 可按内齿圈的分度圆直径 d_3 与比例系数 K_d 估算，即

$$d_0 \approx K_d d_3$$

行星轮轴直径估算比例系数 K_d 见表 6-5。

表 6-5　行星轮轴直径估算比例系数 K_d（$K_d = d_0/d_3$）

传动比	3.15~3.55	4	4.5	5	5.6	6.3	7.1~
轴承位置	在行星架上	位于行星轮内孔中					
系数 K_d	0.15	0.11		0.12	0.13	0.14	

6.7.6　行星架的结构设计

行星架是行星齿轮传动装置中的主要构件之一，行星轮轴或轴承就装在行星架上。当行星架作为基本构件时，它是机构中承受外力矩最大的零件。行星架的结构设计和制造对各行星轮间的载荷分配以至传动装置的承载能力、噪声和振动等有很大影响。

行星架的合理结构应该是重量轻、刚性好、便于加工和装配。其常见结构形式有双壁整体式、双壁分开式和单壁式三种。

1. 双壁整体式行星架

双壁整体式行星架的刚性好，如图 6-30~图 6-32 所示。如果行星轮较大，其中可以安

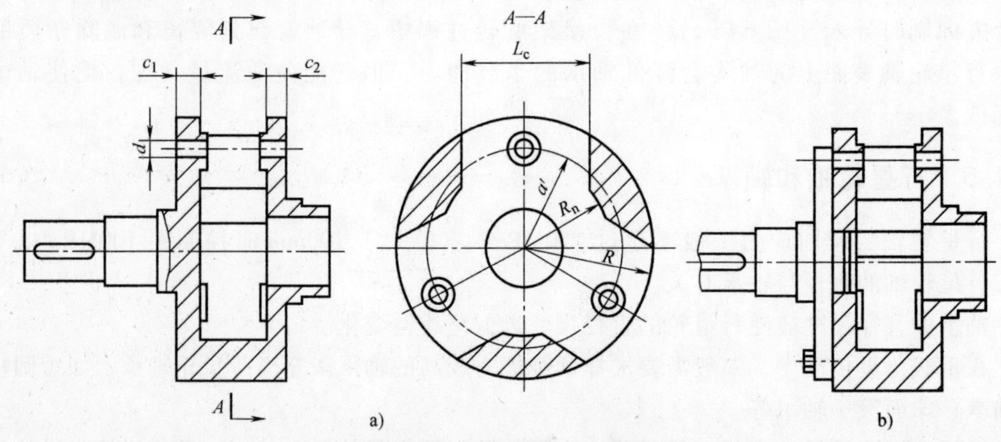

图 6-30　双壁整体式行星架

a）轴与行星架一体　b）轴与行星架为法兰式连接

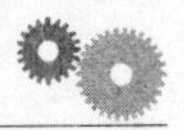

装轴承时，应采用这种结构，这种行星架的主要特点是受载后的变形较小。这一特点有利于行星轮上载荷沿齿宽方向的均匀分布，减小振动和噪声。这种结构如果采用整体锻造则切削加工量大，因此可用铸造和焊接方法得到结构和尺寸接近成品的毛坯，但应注意消除铸造或焊接缺陷和内应力，否则将影响行星架的强度、加工质量且使用时可能产生变形。

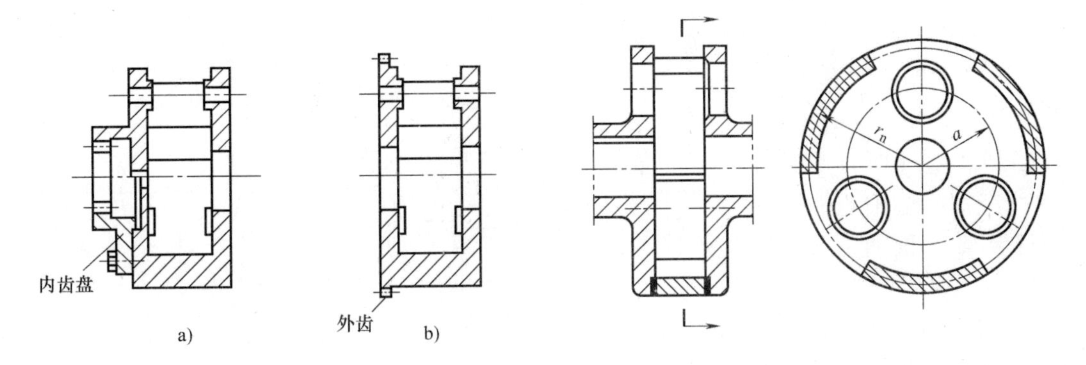

图 6-31　带齿的浮动行星架
a）内齿式　b）外齿式

图 6-32　焊接式行星架

NGW、NW、WW 型传动的行星架传递转矩，通常选用铸钢材料，如 ZG45、ZG55。NGWN 型传动的行星架不传递转矩，通常选用铸铁，如 HT200、QT600。铸造后均需热处理，消除内应力。

2. 双壁分开式行星架

双壁分开式行星架较双壁整体式行星架结构复杂，主要用于传动比较小的情况（如 $i_{aH}^{b}\leqslant 4$的 NGW 型传动）。因这时行星轮直径较小，行星轮轴承往往要装在行星架两侧壁板上，使行星架外径大于内齿轮齿顶圆直径；行星架侧板中心的孔径小于太阳轮外径。因此，若行星架不分开就无法装配（图 6-33）。另外，当行星架采用模锻时，如在高速行星传动中，也要采用双壁分开式行星架，如图 6-34 所示。

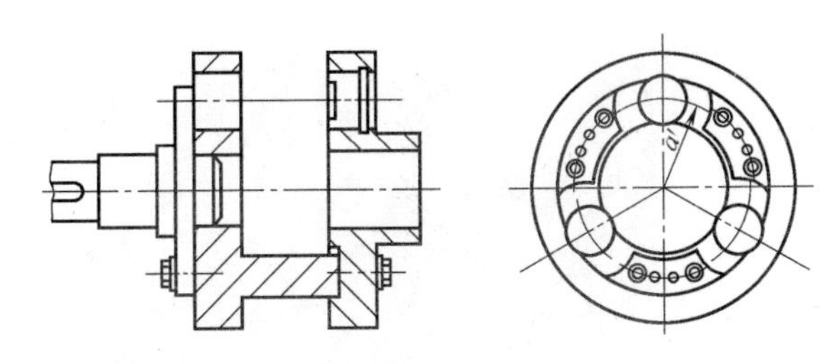

图 6-33　双壁分开式行星架

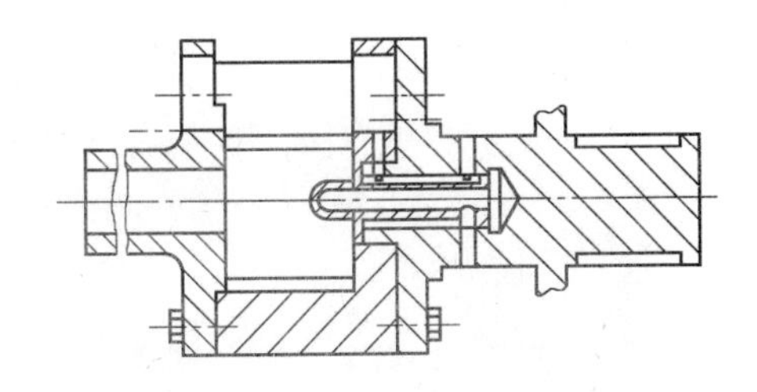

图 6-34　高速传动双壁分开式行星架

双壁分开式行星架一般为锻造或铸造，结构较复杂，刚性较差。

双壁整体式和双壁分开式行星架的两个壁（或称为侧板），通过中间的连接板（梁）连接在一起，连接板的数量和尺寸与行星轮数 n_p 有关。两侧板壁厚，当不装轴承时可按经验选取：$s_1=(0.25\sim0.30)a'$，$s_2=(0.20\sim0.25)a'$。尺寸 L_c 应比行星轮外径大 10mm 以上，连接板内圆半径 R_n 按 $R_n/R\leqslant 0.85\sim0.50$ 确定。

3. 单壁式行星架

单壁式行星架结构较简单，装配方便，轴向尺寸小，可容纳较多的行星轮。但由于行星轮轴呈悬臂状态，受力情况不好，刚性差，并需校验行星轮轴与行星架孔配合长度及过盈量。另外，轴承必须装在行星轮内，当行星轮较小时，比较困难。一般用于中小功率传动。推荐壁厚为

$$s=\left(\frac{1}{3}-\frac{1}{4}\right)a' \tag{6-30}$$

对于图 6-35 所示结构，轴径 d 要进行抗弯强度和刚度计算。轴与孔采用过盈配合（推荐用 H7/u7）用温度差法装配。配合长度（即行星架厚度）可在 $(1.5\sim2.5)\ d$ 范围内选取。

行星架外圆直径可取 $D_0=2R\approx0.8\ d_3$。

图 6-36、图 6-37 和图 6-38 分别为行星架的零件图和外观图。

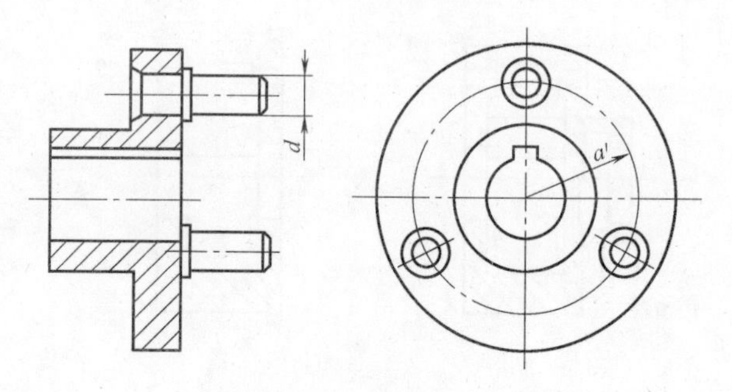

图 6-35　单壁式行星架

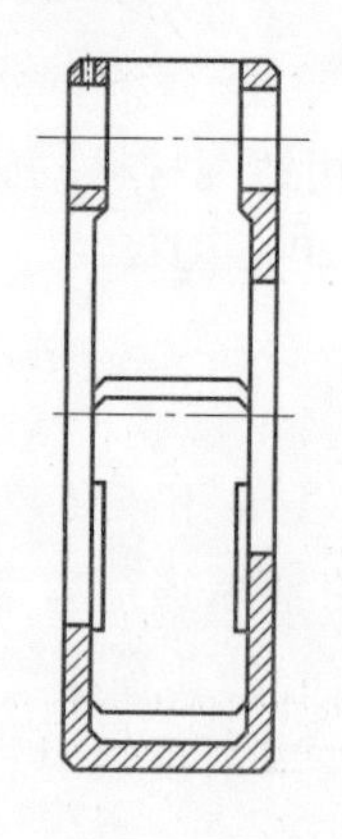
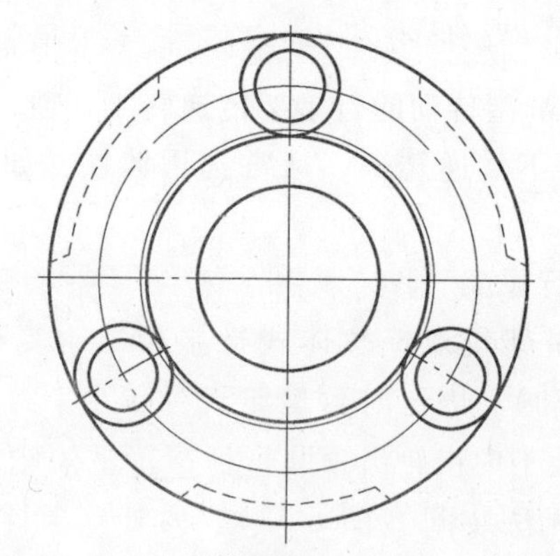

图 6-36　行星架零件图

图 6-37　行星架

图 6-38　行星架（装入行星轮后）

6.7.7　太阳轮和行星架的支承

如果不浮动太阳轮和行星架的轴不受外载荷（原动机或工作机械传给的径向和轴向载

荷），当行星轮数大于或等于 2 时，轴承通常是按轴的直径选择轻型或特轻型的向心球轴承。如果轴承受外载荷，则应以载荷大小和性质通过计算确定轴承型号。在高速传动中必须校核轴承极限转速。当滚动轴承不能满足要求时，可采用滑动轴承。滑动轴承结构一般为轴向剖分式，长度与直径之比 $l/d \leqslant 0.5 \sim 0.6$。

浮动的太阳轮和行星架本身不加支承，但通过浮动联轴器与其相连接的输入轴或输出轴上的支承也应按上述原则选择适合的轴承。

旋转的不浮动基本构件的轴向定位是依靠轴承来实现的，而浮动的基本构件本身的轴向定位可通过齿式联轴器上的弹性挡圈来实现，也可采用球面顶块、滚动轴承（最好是球面调心轴承）来进行轴向定位，这种方法有助于浮动的灵敏性。

6.7.8　机体结构设计

机体结构要根据制造工艺、安装工艺和使用维护的方便与否以及经济性等条件来决定。

对于非标准的、单件生产和要求重量较轻的传动，一般采用焊接机体。反之，在大批生产时，通常采用铸造机体。机体的形状根据传动装置的安装形式分为卧式和法兰式等（图 6-39）。大型传动装置的机体一般要做成轴向剖分式（图 6-39b），以便于安装和检修。

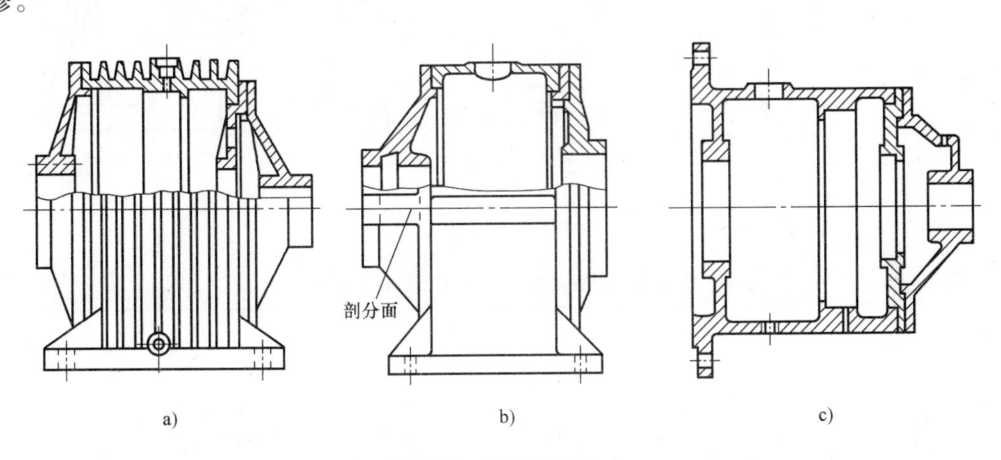

图 6-39　机体结构形式

a）卧式整体结构　b）卧式轴向部分剖分式结构　c）法兰式结构

铸造机体应尽量避免壁厚突变，减小壁厚差，以免产生缩孔和疏松等铸造缺陷。

铸造机体的常用材料为灰铸铁，如 HT200、HT150 等，承受较大振动和冲击的场合可用铸钢，如 ZG55、ZG45 等。为了减轻重量，也可用铝合金或其他轻金属来铸造机体。

铸造机体的特点是能有效地吸收振动和降低噪声，且有良好的耐蚀性。

机体的强度和刚度计算很复杂，所以一般都是用经验方法确定其结构尺寸。铸造机体的壁厚根据尺寸系数 K_δ 按表 6-6 选取。

$$K_\delta = \frac{3D+B}{1000} \tag{6-31}$$

式中，D 为机体内壁直径（mm）；B 为机体宽度（mm）。

其他有关尺寸的确定见表 6-7 和图 6-40。

表 6-6 铸造机体的壁厚

尺寸系数 K_δ	壁厚 δ/mm	尺寸系数 K_δ	壁厚 δ/mm
≤0.6	6	>2.0~2.5	>15~17
>0.6~0.8	7	>2.5~3.2	>17~21
>0.8~1.0	8	>3.2~4.0	>21~25
>1.00~1.25	>8~10	>4.0~5.0	>25~30
>1.25~1.60	>10~13	>5.0~6.3	>30~35
>1.6~2.0	>13~15		

注：1. 对有散热片的机体，表中 δ 值应降低 10%~20%。

2. 表中 δ 值适合于灰铸铁，对于其他材料可按性能适当增减。

3. 对于焊接机体，表中 δ 可做参考，一般应降低 30%左右使用。

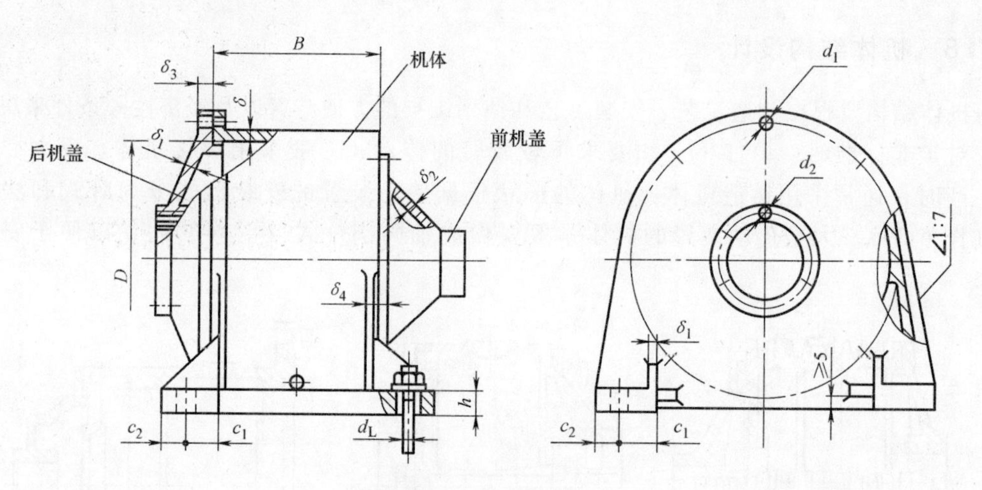

图 6-40 机体结构尺寸

表 6-7 行星减速器铸造机体结构尺寸

名　称	代　号	计 算 方 法
机体壁厚	δ	见表 6-6
后机盖壁厚	δ_1	$\delta_1=\delta$
前机盖壁厚	δ_2	$\delta_2=0.8\delta\geqslant 6$
机盖（机体）法兰凸缘厚度	δ_3	$\delta_3=1.25\ d_1$
加强肋厚度	δ_4	$\delta_4\approx 0.5\delta+2\sim 5$mm
加强肋斜度		2°
机体宽度	B	$B\geqslant 4.5\times$齿轮宽度
机体内壁直径	D	按内齿轮直径及固定方式确定
机体和机盖的紧固螺栓直径	d_1	$d_1=(0.85\sim 1)\ \delta\geqslant 8$
轴承端盖的紧固螺栓直径	d_2	$d_2=0.8\ d_1\geqslant 8$
地脚螺栓直径	d_L	$d_L=0.05d_3+12$mm（d_3为内齿圈分度圆直径）
地脚螺栓跨距	L	$L=1.55d_3+100$mm
机体底座凸缘厚度	h	$h=(1\sim 1.5)d_L$
地脚螺栓孔的位置	c_1	$c_1=1.2d_L+(5\sim 8)$mm
	c_2	$c_2=d_L+(5\sim 8)$mm

行星齿轮传动的体积比较小，因而散热面积也比较小，虽然有些传动（如 NGW、NW 型等）的效率很高，但当速度较高、功率较大时，工作油温常常很高。为了增大散热面积，要在机体外表面做出散热片。散热片的尺寸参照图 6-41 计算。

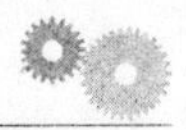

对于大型传动装置，为了减轻重量可采用双臂焊接式结构。为把这种结构的噪声控制在较小范围内，壁与壁之间的连接是非常重要的，其连接板与壁板要有一定厚度差。对于小功率传动装置，可采用与机体壁板弹性模量不同的材料作为连接板。

不论哪一种机体，在同一轴线上的镗孔直径最好相同或直径阶梯式地减小，以简化加工工艺，提高加工精度，如图 6-42 所示。

与一般齿轮传动的机体一样，行星齿轮传动装置的机体上也要设置通气帽、观察孔、起吊钩（环）、油标和放油塞等。

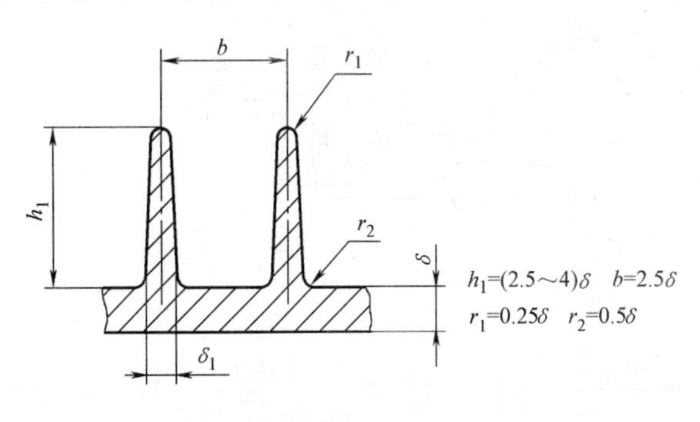

图 6-41　散热片尺寸

图 6-42　机体外观图

6.8　行星齿轮减速器结构设计

不同类型的行星减速器结构如图 6-43~图 6-49 所示，不同类型的行星齿轮减速器结构的三维（3D）立体图如图 6-50~图 6-52 所示，行星齿轮减速器三维（3D）立体零部件图如图 6-53 所示。

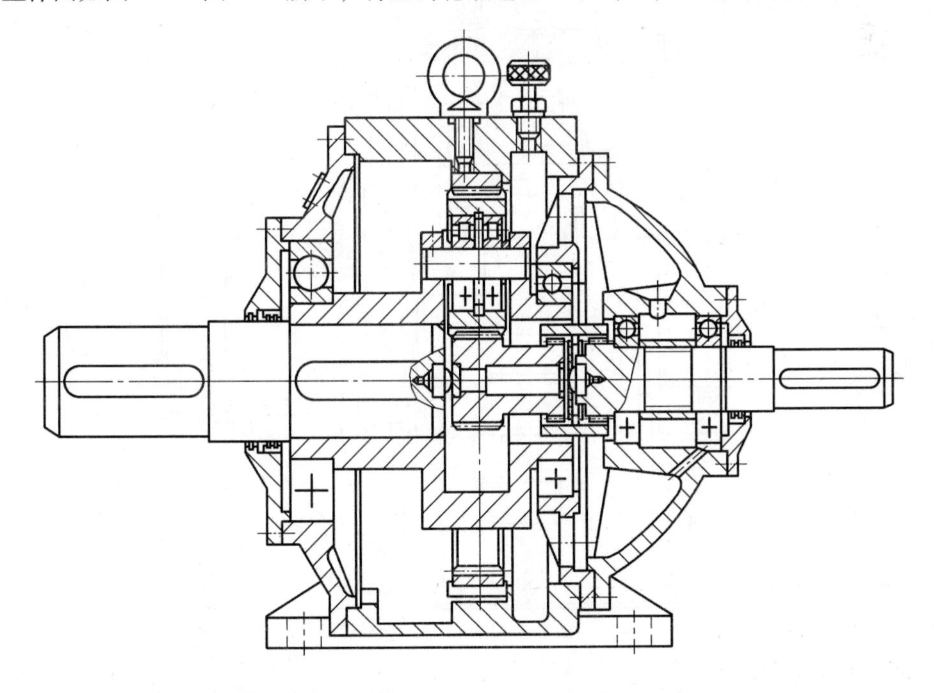

图 6-43　单级 NGW 型行星减速器（太阳轮用双联齿轮联轴器浮动）

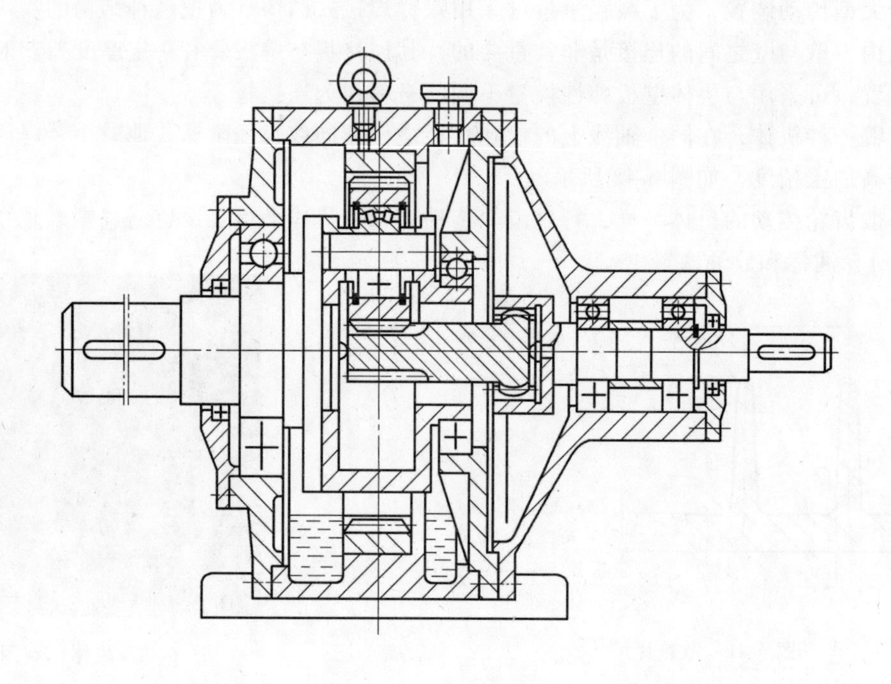

图 6-44　单级 NGW 型无多余约束行星减速器

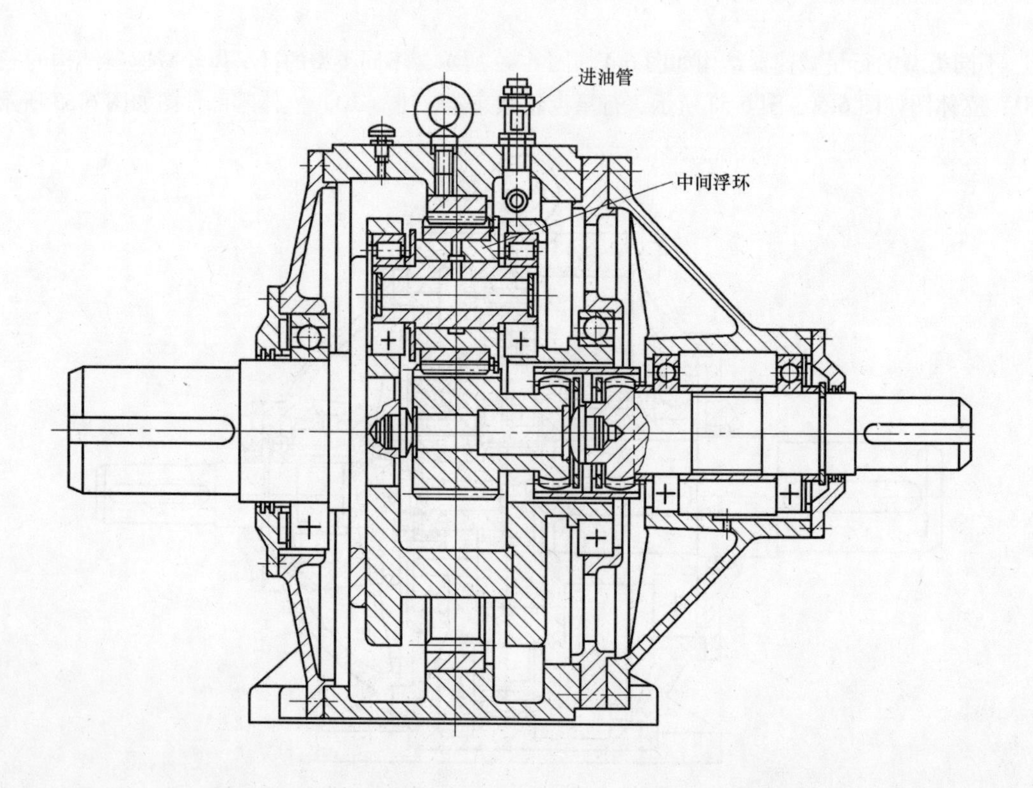

图 6-45　单级 NGW 型增速器行星轮内装中间浮环的油膜均载机构

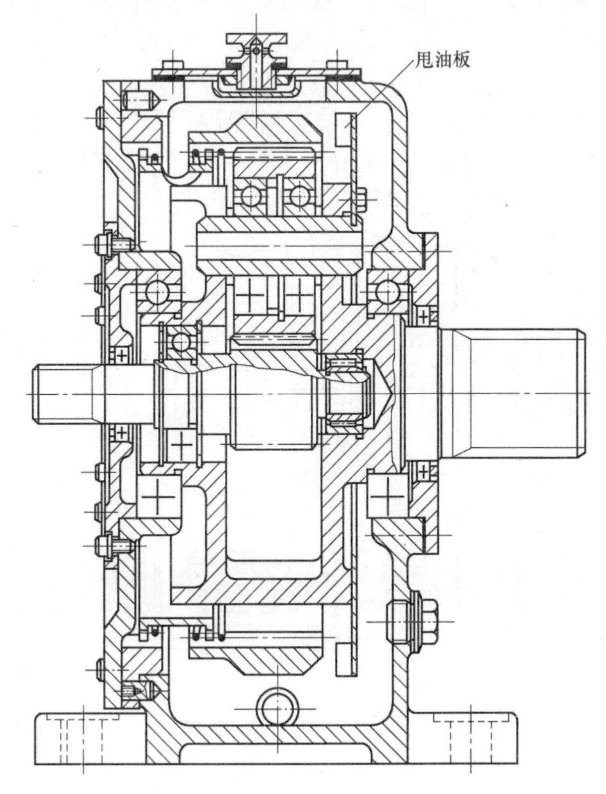

图 6-46　内齿轮浮动的 NGW 型行星减速器（太阳轮筒支于行星架孔内，轴向尺寸小）

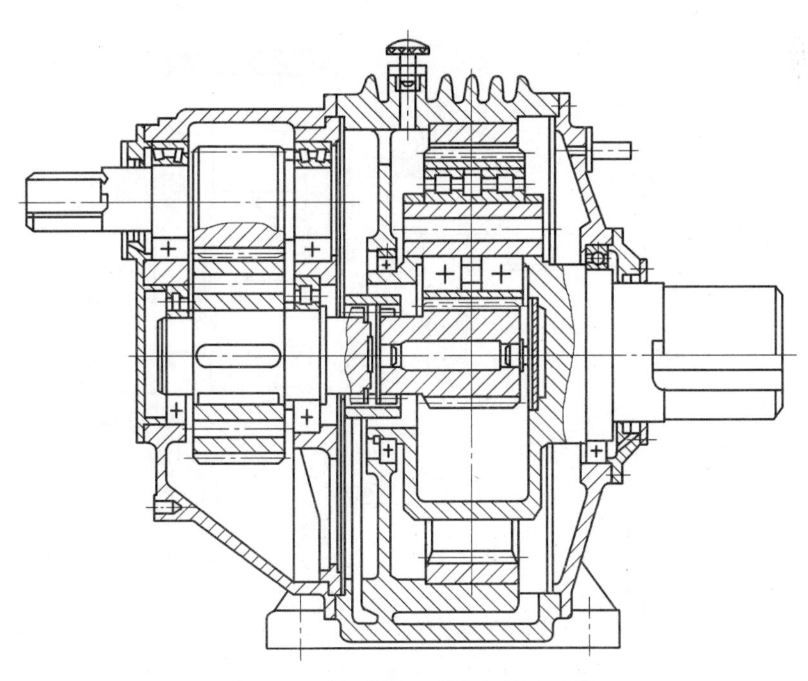

图 6-47　平行轴——单级行星减速器

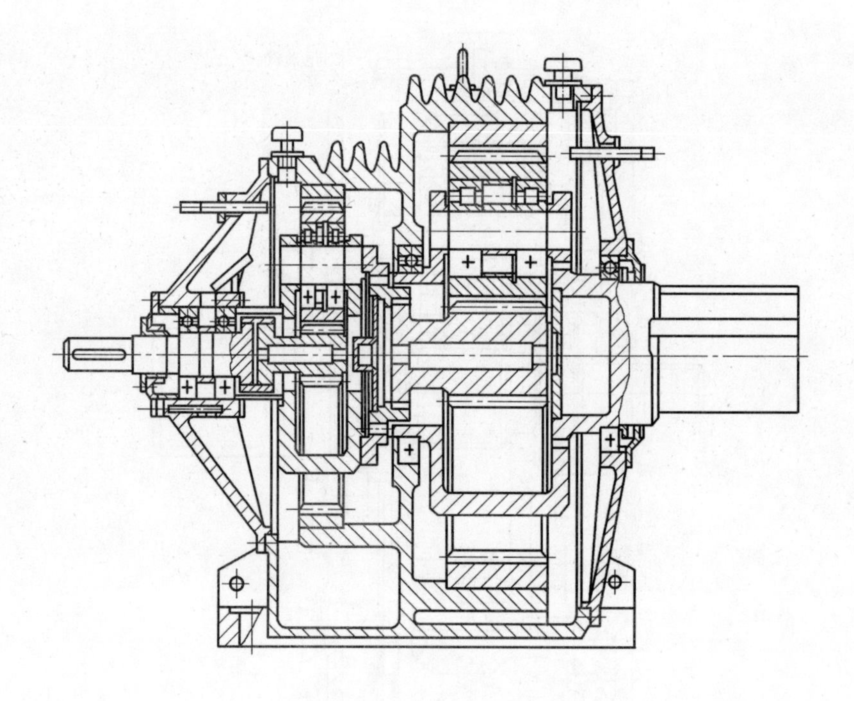

图 6-48　二级行星减速器

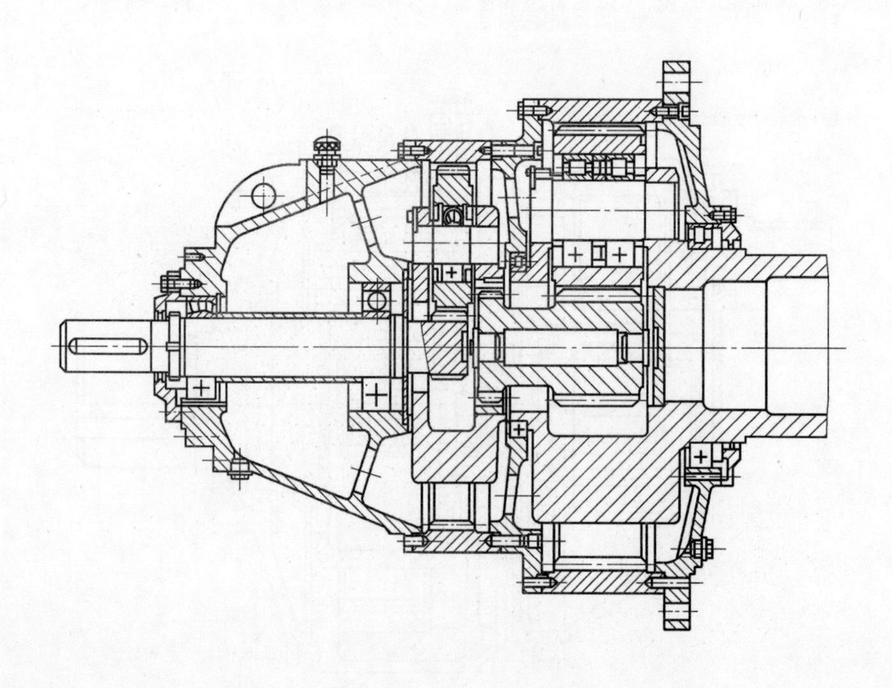

图 6-49　二级行星减速器（法兰式安装形式）

图 6-50　行星齿轮减速器（3D 图）

图 6-51　行星齿轮减速器爆炸图（一）

图 6-52　行星齿轮减速器爆炸图（二）

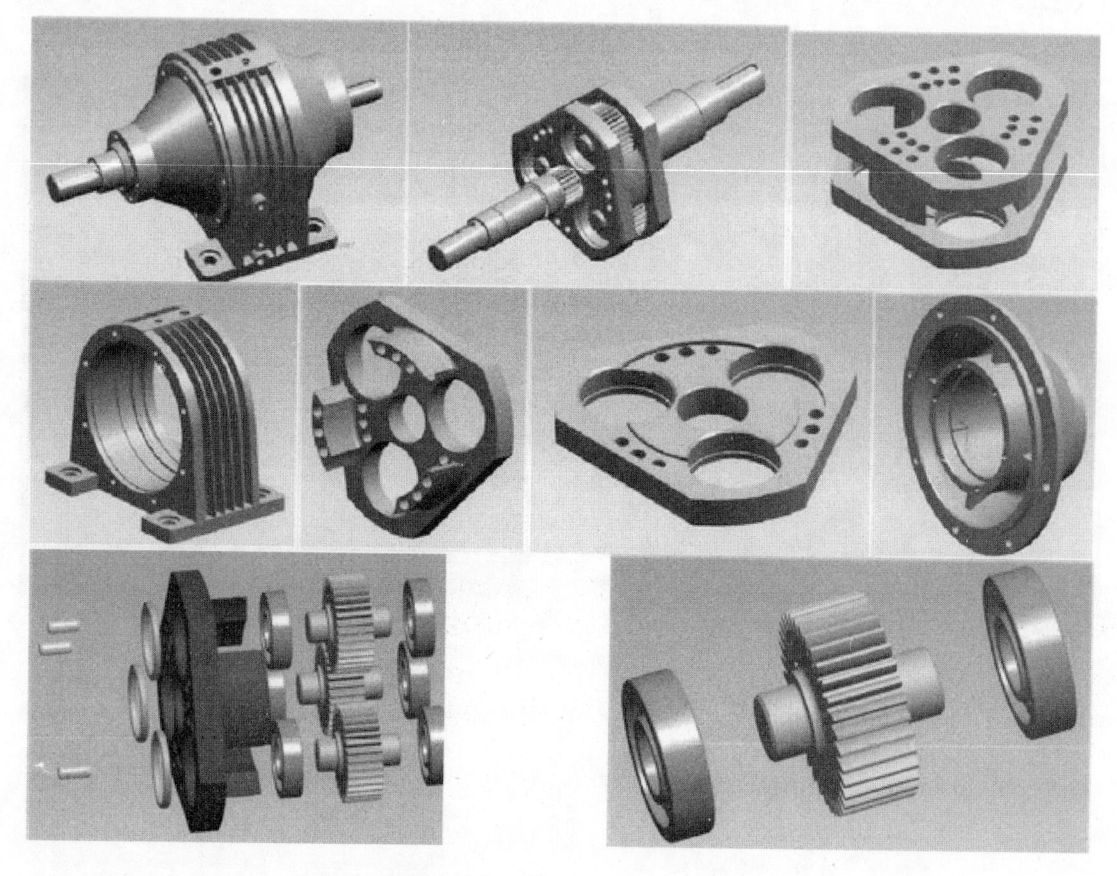

图 6-53　行星齿轮减速器三维（3D）立体零部件图

6.9　行星齿轮减速器装配

行星齿轮减速器如图 6-54 所示。

1. 输入轴装配（图 6-55）

1）件 1（轴承）外圈与其配合件预装检查，加热温度为 90~100℃，轴向间隙通过修磨件 2（隔套）达到图样要求。

2）件 3（螺塞）缠生料密封胶带。

3）件 2（隔套）油孔装入对位正确。

2. 行星架装配（图 6-56）

1）件 2（行星架体）首先按图样要求做静平衡试验。

2）件 4（轴承），件 5、6（内、外隔环）成组装入件 7（行星轮）。

3）行星轮组件。件 8（行星轮轴）与件 2（行星架体）组装。

4）盘动行星轮应转动灵活。

5）件 1、3（轴承）外圈与其配合件预装检查，加热温度为 90~100℃，并热装在行星架两端靠紧轴肩。

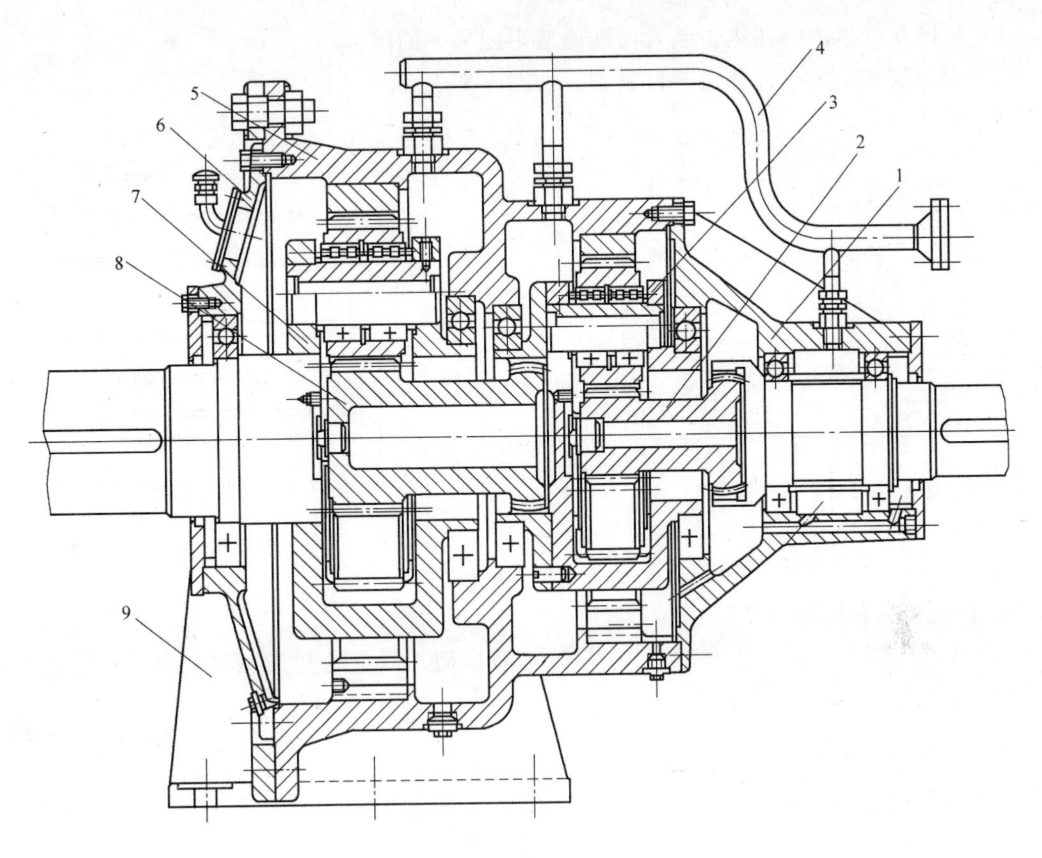

图 6-54 行星齿轮减速器

1—输入轴装置 2—太阳轮Ⅰ 3—高速级行星架 4—润滑管路 5—机体
6—后机盖装置 7—输出行星架 8—太阳轮Ⅱ 9—底座

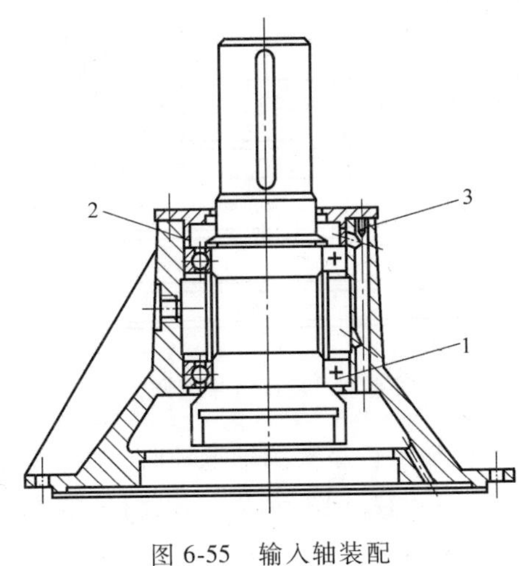

图 6-55 输入轴装配

1—轴承 2—隔套 3—螺塞

3. 齿圈装配

1）齿圈与机体装配应先配任一侧键，并做标记。

2）机体在电热炉中加热，装入齿圈而后再配另一侧键。

3）配钻骑缝螺纹孔，并用螺钉紧固，如图 6-57 所示。

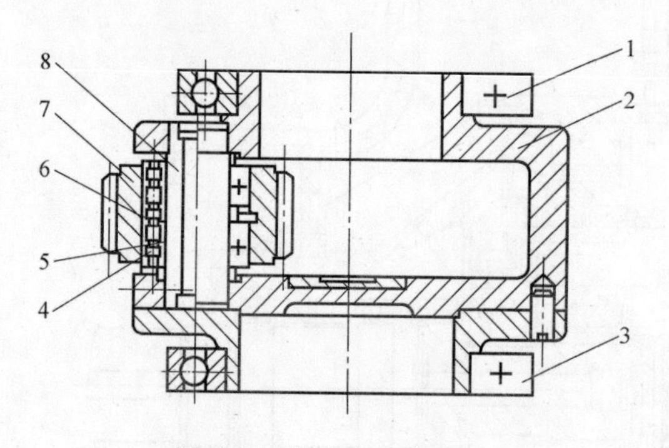

图 6-56　输入行星架装配

1、3、4—轴承　2—行星架体　5—内隔环

6—外隔环　7—行星轮　8—行星轮轴

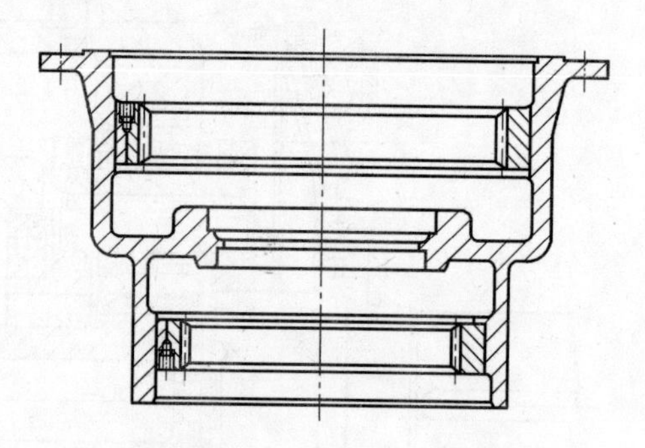
图 6-57　高、低速齿圈装配

4. 行星齿轮减速器总调装

1）输出行星架调装（图 6-58）。行星轮与行星架、行星轮与齿圈打相应标记，检测输出级齿侧间隙应符合图样要求。

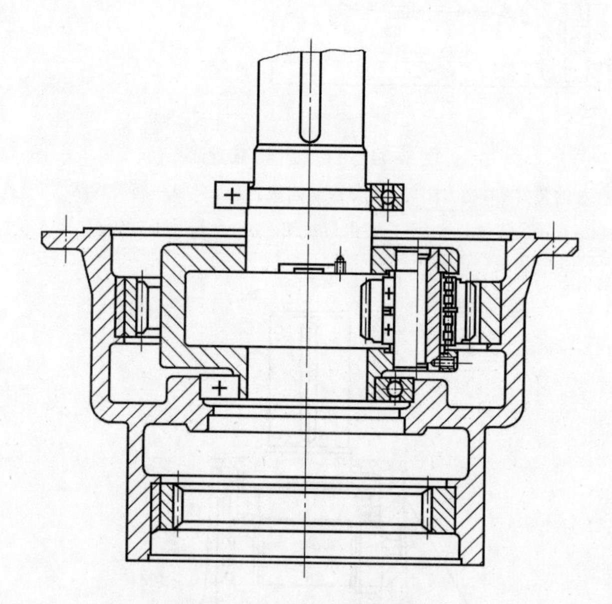
图 6-58　输出行星架调装

2）后机盖调装（图 6-59）。输出行星架的轴承轴向间隙，通过修磨隔环达到图样要求。

3）低速太阳轮与输入行星架调装（图 6-60）。以测量的方法检测太阳轮的轴向间隙，并通过修切太阳轮止推环达到图样要求。

行星轮与行星架、行星轮与齿圈打相应标记，检测输入级齿侧间隙应符合图样要求。

4）高速太阳轮与输入轴调装（图 6-61）。以测量的方法检测太阳轮的轴向间隙，并通过修切太阳轮止推环达到图样要求。

5）调装件 4（润滑管路）及件 9（底座），减速器最终装配成套（图 6-50）。

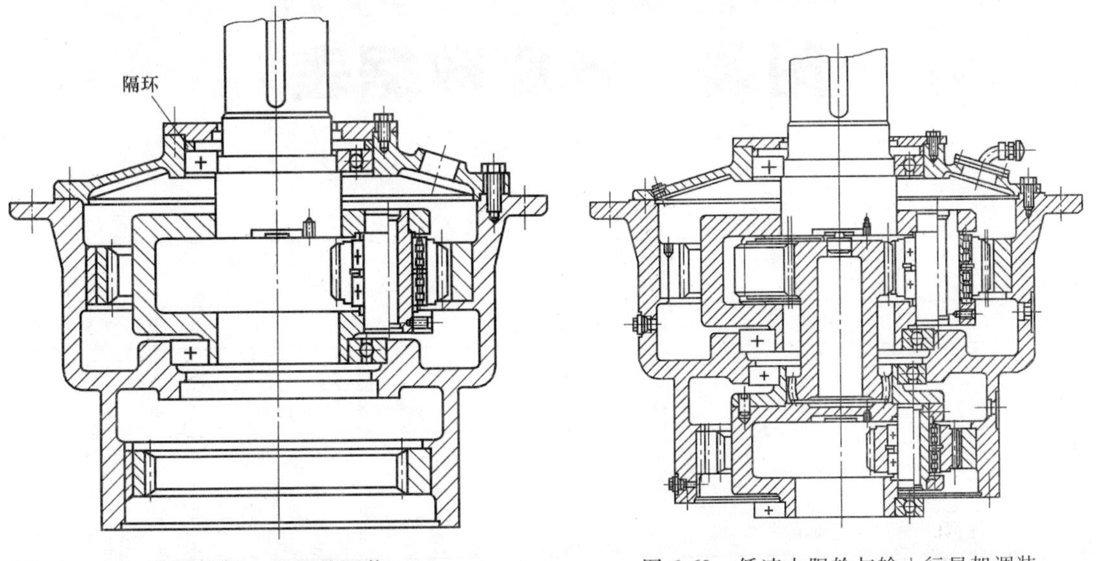

图 6-59　后机盖调装

图 6-60　低速太阳轮与输入行星架调装

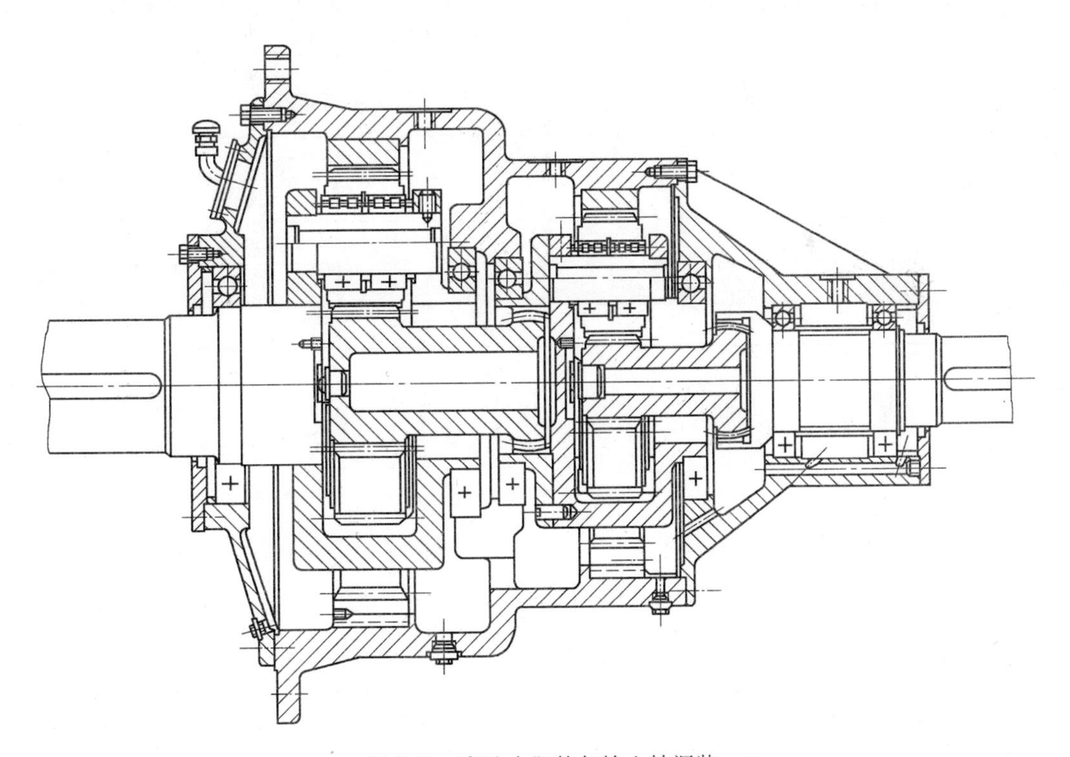

图 6-61　高速太阳轮与输入轴调装

附录　计算数据表

附表　计算数据表

序号	传动比 i	高速轴转速 n_1/(r/min)	功率 P/kW	序号	传动比 i	高速轴转速 n_1/(r/min)	功率 P/kW
1	5	1000	16.2	16	5	1000	27.5
2	6.3	750	10.2	17	6.3	750	14.4
3	6.3	1000	13.5	18	6.3	1000	19
4	7.1	750	8	19	7.1	750	11.3
5	7.1	1000	10.6	20	7.1	1000	14.9
6	8	1000	8	21	8	1000	11.2
7	8	1500	11.7	22	8	1500	16.4
8	9	1000	5.8	23	9	1000	7.7
9	9	1500	8.6	24	9	1500	11.2
10	10	1000	4.5	25	10	1000	6.4
11	10	1500	6.6	26	10	1500	9.5
12	11.2	1000	3.3	27	11.2	1000	4.7
13	11.2	1500	4.9	28	11.2	1500	6.9
14	12.5	1000	2.8	29	12.5	1000	3.9
15	12.5	1500	4.1	30	12.5	1500	5.7

参考文献

[1] 孙靖民，梁迎春. 机械优化设计 [M]. 北京：机械工业出版社，2011.

[2] 陈立周，俞必强. 机械优化设计方法 [M]. 4版. 北京：冶金工业出版社，2014.

[3] 郭仁生. 基于 MATLAB 和 Pro/ENGINEER 优化设计实例解析 [M]. 北京：机械工业出版社，2007.

[4] 渐开线齿轮行星传动的设计与制造编委会. 渐开线齿轮行星传动的设计与制造 [M]. 北京：机械工业出版社，2002.

[5] 饶振纲. 行星齿轮传动设计 [M]. 2版. 北京：化学工业出版社，2014.

[6] 张展. 机械设计通用手册 [M]. 2版. 北京：机械工业出版社，2017.

[7] 濮良贵，纪名刚. 机械设计 [M]. 8版. 北京：高等教育出版社，2006.

[8] 马从谦，陈自修，张文照，等. 渐开线行星齿轮传动设计 [M]. 北京：机械工业出版社，1987.

[9] 杨廷栋，周寿华，肖忠实. 渐开线齿轮行星传动 [M]. 成都：成都科技大学出版社，1986.

[10] 张展. 实用机械传动装置设计手册 [M]. 北京：机械工业出版社，2012.

[11] 张国瑞，张展. 行星传动技术 [M]. 上海：上海交通大学出版社，1989.

[12] B H 库德里亚夫采夫，基尔佳舍夫. 行星齿轮传动手册 [M]. 北京：冶金工业出版社，1986.

[13] B H 库特略夫采夫. 齿轮减速器的结构与计算 [M]. 江耕华，顾永寿，译. 上海：上海科学技术出版社，1982.

[14] 仙波正庄. 行星齿轮传动与应用 [M]. 北京：机械工业出版社，1998.

[15] 齿轮手册编委会. 齿轮手册 [M]. 2版. 北京：机械工业出版社，2004.

[16] 朱孝录. 齿轮传动设计手册 [M]. 2版. 北京：化学工业出版社，2010.

[17] 成大先. 机械设计手册 [M]. 5版. 北京：化学工业出版社，2014.

[18] 王国强，赵凯军，崔国华. 机械优化设计 [M]. 北京：机械工业出版社，2009.

[19] 郭仁生. 机械工程设计分析和 MATLAB 应用 [M]. 4版. 北京：机械工业出版社，2015.

[20] 李志峰. 机械优化设计 [M]. 北京：高等教育出版社，2011.